古建筑工职业技能培训教材

古建筑传统彩画工

中国建筑业协会古建筑与园林施工分会　主编

中国建筑工业出版社

图书在版编目（CIP）数据

古建筑传统彩画工/中国建筑业协会古建筑与园林施工分会主编. —北京：中国建筑工业出版社，2019.8（2023.2重印）
古建筑工职业技能培训教材
ISBN 978-7-112-24043-2

Ⅰ.①古… Ⅱ.①中… Ⅲ.①古建筑-彩绘-职业培训-教材 Ⅳ.①TU-87

中国版本图书馆CIP数据核字（2019）第165900号

本教材是古建筑工职业技能培训教材之一。结合《古建筑工职业技能标准》的要求，对各职业技能等级的彩画工应知应会的内容进行了详细讲解，具有科学、规范、简明、实用的特点。

本教材主要内容包括：古建筑彩画发展简述，古建筑彩画颜料、辅助材料及主要工具，古建筑彩画种类、等级与配置，彩画施工基础知识，各类彩画的等级划分和施工方法，彩画主要施工工艺及操作方法，彩画保护、修复、复原技术，彩画质量问题与防治，绿色安全文明施工，施工组织设计与施工方案，工具制作与现代化设备应用，彩画预算定额。

本教材适用于彩画工职业技能培训，也可供相关职业院校实践教学使用。

责任编辑：葛又畅　李　明
责任校对：焦　乐

古建筑工职业技能培训教材
古建筑传统彩画工
中国建筑业协会古建筑与园林施工分会　主编
*
中国建筑工业出版社出版、发行（北京海淀三里河路9号）
各地新华书店、建筑书店经销
北京红光制版公司制版
北京建筑工业印刷厂印刷
*
开本：850×1168毫米　1/32　印张：6¾　字数：180千字
2019年11月第一版　2023年2月第三次印刷
定价：**28.00**元
ISBN 978-7-112-24043-2
（34535）
版权所有　翻印必究
如有印装质量问题，可寄本社退换
（邮政编码 100037）

《古建筑工职业技能培训教材》
编委会成员名单

主 编 单 位：中国建筑业协会古建筑与园林施工分会

名 誉 主 任：王泽民

编委会主任：沈惠身

编委会副主任：刘大可　马炳坚　柯　凌

编委会委员（按姓氏笔画排序）：

马炳坚　毛国华　王树宝　刘大可

安大庆　张杭岭　周　益　范季玉

柯　凌　徐亚新　梁宝富

古建筑传统木工编写组长：冯留荣

编 写 人 员：马炳坚　冯留荣　田　璐　汤崇平

张振山　顾水根　唐盘根　惠　亮

吴创健

古建筑传统瓦工编写组长：叶素芬

编 写 人 员：王建中　叶素芬　叶　诚　余秋鹏

顾　军　盛鸿年　崔增奎　董根西

谢　婷　廖　辉　樊智强

古建筑传统石工编写组长：沈惠身

编 写 人 员：沈惠身　胡建中

古建筑传统油工编写组长：梁宝富

编 写 人 员：梁宝富　马　旺　代安庆　完庆建

郑德鸿

古建筑传统彩画工编写组长：张峰亮

编 写 人 员：张峰亮　李燕肇　张莹雪

参 编 单 位：中外园林建设有限公司

北京市园林古建工程有限公司

上海市园林工程有限公司

苏州园林发展股份有限公司

扬州意匠轩园林古建筑营造股份有限公司

杭州市园林工程有限公司

山东省曲阜市园林古建筑工程有限公司

北京房地集团有限公司

前　　言

中国传统古建筑是中华民族悠久历史文化的结晶，千百年来成就辉煌，它高超的技艺、丰富的内涵和独特的风格，在世界民族之林独树一帜，在世界建筑史上占有重要地位。

在“建设美丽中国”、实现“中国梦”的今天，传统古建筑行业迎来了空前大好的发展机遇。无论是在古建文物修复、风景区和园林建设中，还是在城市建设、新农村建设中，传统古建筑这个古老的行业都将重放异彩、大有作为。在建设中书写“民族自信”、“文化自信”是我们传统古建筑行业的光荣职责。

传统古建筑行业有着数百万人规模的产业工人队伍，在国家发布的《职业大典》中，“传统古建筑工”被列为一个专门的职业，为加强传统古建筑工从业人员的队伍建设，促进从业人员素质的提高，推进古建筑工从业人员考核制度的实施，满足各有关机构开展培训的需求，遵照《古建筑工职业技能标准》的规定，特编写《古建筑工职业技能培训教材》。本套教材包括古建筑传统木工、古建筑传统瓦工、古建筑传统石工、古建筑传统油工、古建筑传统彩画工五个工种，同时也分别编入了木雕、砖雕、砖细、石雕、花街、匾额、灰塑等传统工艺的基本内容。

我国地域辽阔，古建筑流派众多，教材编写以明清官式建筑和江南古建筑为基础，尽量涵盖各流派、各地区古建筑风格。参阅引证统一以《营造法式》《清工部工程做法》《营造法原》等文献为主，其他地方流派建筑文献为辅。既体现了权威性，也为各地区流派留有余地，以利于培训中灵活操作。

本书注重理论联系实际，融科学和实操于一体，侧重应用技术。比较全面地介绍了古建筑传统彩画工应掌握的理论知识和工艺原理，同时系统阐述了古建筑传统彩画工的操作工艺流程、关键技术和疑难问题的解决方法。文字通俗易懂，语言简洁，可满足各职业技能等级彩画工和其他读者的需要，方便参加培训人员尽快掌握基本技能，是极具实用性和针对性的培训教材。

本书由中国建筑业协会古建筑和园林施工分会组织古建施工企业一线工程技术人员编写。聘请我国著名古建专家刘大可先生、马炳坚先生具体指导和审稿。编写中还得到住建部人力资源开发中心的大力支持，在此一并感谢。

目　录

一、古建筑彩画发展简述

本章主要介绍我国建筑彩画的出现、演进、发展、定型、程式化情况，但对其不同时代的特征不做论证性阐述，仅就现有历史文献记载、考古发现的成果进行知识性介绍。没有被公认的内容一律不进入本培训教材，以达到古建筑工技能标准要求为目的。

（一）彩画的产生

彩画是中国古建筑不可分割的组成部分，中国建筑发展史自然包含彩画的产生与发展，但彩画最早如何产生、何时出现，雏形是什么样子缺少史实，很难考证。现将有关建筑彩画的主要文献记载、考古发现介绍如下：

1. 有关绘画的记载

有关绘画的记载虽与建筑彩画没有直接关系，但建筑发展史不是孤立存在的，社会发展史包含建筑发展史，建筑发展史见证着社会发展。

《周礼·冬官考工记第六》："画缋之事，杂五色。……青与白相次也，赤与黑相次也，玄与黄相次也。……白与黑谓之黼……五采，备谓之绣。……凡画缋之事后素功。"《考工记》是中国春秋战国时期记述官营手工业各工种规范和制造工艺的文献。画缋，亦作"画绘"，从这个记载可以看出，春秋战国时期不但已经有了绘画，而且已经有了"理论"，对颜料有了相当深入的研究和认识，认识到了"原色"和其他衍生色。对颜色的运用已很讲究，有了规制，即"五色"之说。《汉书·贾谊传》："美者黼绣，是古天子之服。”黼，古代礼服上绣的半黑半白的花纹。汉书称“古天子”，说明出现黼绣的时间在汉之前还很早。《周礼·天官·内司服》有记载“掌王后之六服，袆衣、揄狄、阙狄、鞠衣、襢衣、褖衣”。周礼中袆衣为玄色，刻缯彩绘翚文（彩绢刻成雉鸡之形，加以彩绘的纹饰）。周礼规定：凡戴冕冠者，都要穿着相应的玄衣和纁裳，上衣纹样用绘，下裳纹样则用绣。服饰上的图案一般采用画缋工艺，古代画缋技法常“草石并用”，即先用植物颜料染底色，再用矿物颜料描绘图案，最后用白颜料勾勒衬托。可见在服饰上绘画至少于周代已出现，并已使用植物颜料和矿物颜料。从这些记载来看，当时的绘画和黼绣技艺已经取得一定发展，服饰已经极其讲究，此时帝王宫殿建筑上是否已经出现彩画或取得同样发展，有待研究发现。

2. 有关建筑彩画的记载

据《中国古代建筑史》所述，考古发现在商朝时，家具器物上已有图案和涂色，“在木料上雕有以虎为题材的云纹浮雕，表面涂朱”。朱，红色。有图案，有色彩，即是彩画的表现形式，但此时建筑上是否已经施以彩画，未发现实物和记载。

据《中国古代建筑史》所述，《春秋穀梁傳注疏》所载：“礼楹，天子丹，诸侯黝垩，大夫苍、士黈”。楹，即柱子。屋主人身份不同，建筑上使用了不同的颜色，这个记载说明春秋时期已在建筑的木构架上施以有颜色的油漆，而且也有了等级制度。《论语》有“山节藻棁”的记载。山节，喻山形的斗栱；藻棁，被释为“画有藻文的梁上短柱”。这个记载说明春秋时期已在建筑的斗栱上绘有纹饰图案，但没有说明是否涂有色彩。

考古上能确切证明古代建筑中有彩画的是陕西咸阳三号秦宫，曾发掘出画在墙面上的七驾马车壁画和一位宫女壁画。壁画属于建筑，但木构件上是否有彩画，未有考证。

《旧唐书·狄仁杰传》：“今人伽蓝，制过宫阙，穷奢极壮，画缋尽工。”《旧唐书》的修撰离唐朝灭亡时间不远，作者距唐代很近。这个记载说明唐朝宫殿是绘制有彩画的，而且是极其精致、辉煌。北宋《营造法式》对彩画已有明确记载，有图片有文字。

3. 关于建筑彩画产生的原因

中国建筑是木结构，木结构的缺点是怕火、怕虫蛀，在潮湿环境中易于糟朽。为了保护木构件在其表面涂以油漆，绘以彩画，同时起到对建筑的装饰、美化的作用。建筑彩画产生的直接原因是在油饰的基础上对建筑装饰的美观要求，以致后来因权力、地位的不同，建筑彩画出现了等级之分。中国建筑学家林徽因在《中国建筑彩画图集》的序言中说道："最初是为了实用，为了适应木结构防腐防蠹的实际需要，普遍地用矿物原料的丹或朱，以及黑漆桐油等涂料敷饰在木结构上，后来逐渐和美术上的要求统一起来，变得复杂丰富，成为中国建筑艺术特有的一种方法。"古建筑彩画归属"美术"类。"后来逐渐和美术上的要求统一起来"，"逐渐"是发展过程。"和美术上的要求统一起来"阐述了"后来"建筑上的彩画不只是"为了适应木结构上防腐防蠹的实际需要"，已具有了装饰的功用，对艺术效果的追求，以致有了寓意，乃至成为身份、地位、权力的象征。

4. 中国建筑五种类型彩画的形成年代及渊源

（1）旋子彩画。旋子彩画是最早成型的彩画形式，元代在沿袭宋代彩画风格的基础上，形成了"旋子彩画"（旋子彩画是民国时期才有的这个称谓）。

（2）和玺彩画。和玺彩画是明代晚期产生的，与旋子彩画相比有其特征，形成了另一种彩画类型。和玺彩画的产生不是凭空创造出来的，其特征框线的形成有其历史渊源。"五代南唐李昪墓的墓室内彩画，敦煌北宋时所建的窟檐梁柱上面的彩画，山西芮城元代道观永乐宫重阳殿内大梁上面的彩画，都以硕大的莲花瓣作为主体轮廓线，其纹饰造型与清代早期和玺彩画很相似"（引自蒋广全《中国清代官式建筑彩画技术》引用的王中杰先生《试论和玺彩画的形成与发展》）。宋代李诫的《营造法式》卷三十三彩画作制度图样上，五彩额柱第五："豹脚、叠晕、剑环、簇三等相类纹饰，与清代早期和玺彩画的造型也非常相似”（引自蒋广全先生《中国清代官式建筑彩画技术》）。和玺彩画龙凤等特定特有的纹饰的运用是适应皇权而出现的，成为最高品级的彩画形式。

（3）苏式彩画。苏式彩画是清代官式彩画的一种主要彩画类型，在明代尚未发现关于“苏式彩画”的记载。苏式彩画出现于清早期，据传是源于江南苏州地区民间传统做法，故得名苏式彩画。清雍正十二年（1734）颁布的《工程做法则例》以及清廷专为圆明园工程制定的《圆明园内工则例》，都记述了多种不同形式、不同内容和做法的苏式彩画。如：“花锦方心苏式彩画”等。官式苏式彩画与苏州地区彩画无论在纹饰、色彩、工艺等上均有很大的差异（引自蒋广全先生《中国清代官式建筑彩画技术》）。

（4）宝珠吉祥草彩画。宝珠吉祥草彩画，是以宝珠与吉祥草作为主题纹饰的一类彩画，简称吉祥草彩画。这类彩画用于清代早期，主要是宫禁城门、帝后陵墓建筑（引自蒋广全《中国清代官式建筑彩画技术》）。

（5）海墁彩画。海墁彩画并不是指苏式彩画类中的“海墁式苏画”，而是因为这类彩画在装饰木构件的范围以及表现形式与清代其他彩画有着明显的不同，从而被命名。从北京地区遗存的实例及其分布情况分析，这类彩画产生于清代晚期，应用范围非常有限，一般只用于皇宫、皇家园林及王公大臣府第花园中部分建筑装饰（引自蒋广全《中国清代官式建筑彩画技术》）。

（二）彩画的演进、发展

1. 总体发展脉络

《中国古代建筑史》一书有关彩画作的文字摘录如下：

（1）秦、汉、南北朝时期图案纹样已十分丰富。

（2）南北朝、隋、唐间的宫殿、庙宇、邸第多用白墙、红柱，或在柱、枋、斗栱上绘有各种彩画。

（3）隋唐时期工艺技法已很成熟，已形成了彩画制度。

（4）宋、金宫殿在檐下用金、青、绿等色绘制彩画。

（5）宋代彩画出现了五彩遍装、碾玉装、青绿迭晕棱间装、解绿装、丹粉刷饰、杂间装几种形式。梁额彩画构图形成定式，彩画工艺中典型的退晕、对晕等技法已成熟。北宋《营造法式》记录了详尽的彩画做法，说明中国建筑彩画至宋代已经很成熟，从制式、构图、工法上均已形成规矩、制度，并作为规定执行。

（6）元代在沿袭宋代彩画风格的基础上，创造了“旋子彩画”（现代开始的称谓）。并出现了墨线点金五彩遍装、墨线青绿叠晕装和灰底色黑白纹饰三种等级。

（7）明代彩画主要为旋子彩画，在构图上继元代继续演变，“箍头”、方心头形式画法定型，方心一般为素方心，不画纹饰。旋花进一步图案化，形成明代风格样式。装饰重点为梁、檩、枋等上架大木构件，斗栱和柱身满画彩画已很少见。

（8）清代彩画比明代彩画构图形式和纹饰应用更趋定型，因不同的装饰需要形成了和玺、旋子、苏式彩画等不同彩画形式，构图定型化，绘制工艺程式化。即适用于不同建筑和环境的彩画类别逐渐形成。

2. 旋子彩画的演进、发展

（1）中国建筑彩画，早先发展成型的是旋子彩画形式。旋子彩画最早出现于元代，明初即基本定型，清代进一步程式化，是明清官式建筑中运用最为广泛的彩画类型（图 1-1）。

（2）旋子彩画的基本构图形式是把构件沿长度方向划分为方心、找头和箍头三段。这种构图方式在五代时虎丘云岩寺塔的阑额彩画中已出现。北宋《营造法式》彩画作有“角叶”做法，“角叶”相当于明清彩画的“找头部分”。宋代彩画在梁、阑额“找头内”绘制如意头纹样，并富于变化。找头的出现改变了一间梁枋通绘同样纹饰的构图方式。明代旋花具有对称的整体造型，花心由莲瓣、如意、石榴等吉祥图案构成，构图自由，变化丰富（表 1-1）。

唐代半团窠纹及整团窠纹

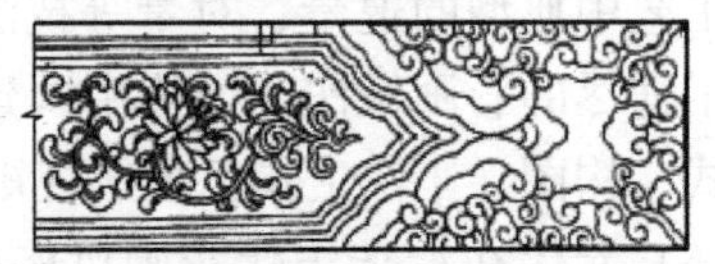

宋代额柱云头纹

元代出土木构彩画

明代彩画

清代旋子彩画

图 1-1　不同时期的彩画

不同朝代旋子彩画的表现形式　　　　表 1-1

时期	地点	盒子	方心头	找头（旋花）	图　示
洪武	瞿昙寺瞿昙殿	莲花加花叶缠枝适合纹样	一坡两折莲花纹方心	如意云纹旋花旋眼为带有叶瓣的石榴纹饰	

续表

时期	地点	盒子	方心头	找头（旋花）	图示
永乐	武当山金殿	柿蒂纹	一坡三折	两破旋花之间加卷叶纹莲座如意云旋眼	
永乐	长陵陵恩门	四出如意头	一坡三折素方心	整破间加如意头有抱瓣莲座如意头旋眼	
宣德	献陵琉璃门	四出如意头	一坡三折素方心	如意旋花凤翅如意头旋眼	
宣德	瞿昙寺鼓楼二层	扁长柿蒂纹	一坡三折素方心	整破间加旋花有抱瓣莲座石榴纹旋眼	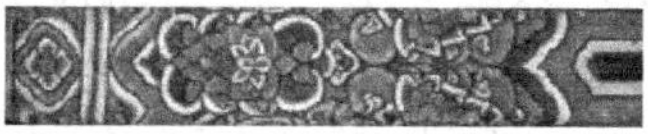
正统	智化寺万佛阁七架梁	如意云纹凤翅瓣	一坡三折素方心	整破间加如意头有抱瓣花瓣纹饰旋眼	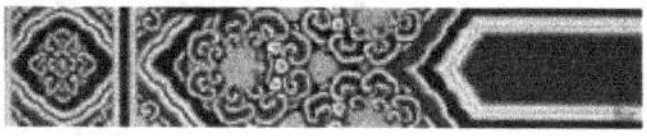
	故宫钟粹宫		一坡三折	一整两破间加如意头莲座石榴花旋眼	
	故宫南薰殿	四出如意头	一坡三折	凤翅瓣旋花莲座如意头旋眼	

续表

时期	地点	盒子	方心头	找头（旋花）	图　　示
晚期弘治	法海寺大殿内檐阑额	莲瓣	一坡两折	一整两破二路凤翅瓣石榴花旋眼	
晚期嘉靖	长陵大石坊		宝剑头状方心	一整两破加两路旋眼纹饰简化	

注：曹振伟研究总结

（3）明代彩画已是方心、箍头和找头三部分构图形式，但方心比较长，一般大于梁枋等构件长度的三分之一。

（4）清代彩画形成了规范的三段式构图形式，有明确的“三停”分配方法，即方心的长度占构件长度的三分之一（图 1-2）。

明末清初时期旋花画法

清代初期旋花画法

图 1-2　引自蒋广全《中国清代官式建筑彩画技术》（一）

清代早期旋花画法

清代中晚期较多见的旋花画法

图 1-2　引自蒋广全《中国清代官式建筑彩画技术》（二）

（5）旋子彩画的方心、找头、箍头的纹饰，在宋、明、清代也不相同（表 1-2）。

旋眼纹饰的变化　　表 1-2

	出处	1. 北京长陵祾恩门
	年代	1409
	朝代	（明）永乐
	外造型	椭圆形，顶端突出
	内结构	双层结构（抱瓣、凤翅瓣），旋眼为透视效果莲花
	出处	2. 北京故宫钟粹宫次间檩枋雅五墨彩画
	年代	1420（建筑年代）
	朝代	（明）永乐
	外造型	圆形，顶端突出，底端内凹
	内结构	双层结构，旋眼为莲花、石榴

续表

 出处	3. 北京智化寺万佛阁外檐次间
年代	1443
朝代	（明）正统
外造型	圆形，顶端突出，底端内凹
内结构	双层结构，旋眼为莲花、云头
 出处	4. 北京智化寺万佛阁楼上明间
年代	1443
朝代	（明）正统
外造型	圆形，顶端突出，底端内凹
内结构	双层结构，旋眼为轴对称莲花、五出如意云卷叶
 出处	5. 北京智化寺万佛阁七架梁
年代	1443
朝代	（明）正统
外造型	圆形，顶端突出
内结构	双层结构，旋眼轴对称排列多层凤翅瓣，上下出如意头
 出处	6. 北京智化寺万佛阁楼下天花梁彩画
年代	1443
朝代	（明）正统
外造型	椭圆形，顶端突出，底端内凹
内结构	双层结构，旋眼莲花、石榴

注：曹振伟研究总结

3. 和玺彩画的演进、发展

（1）和玺彩画是清代官式建筑彩画的主要类型之一，清工部《工程做法》中称为“合细彩画”，在民国更名为“和玺彩画”。

（2）和玺彩画在明代晚期产生，是在旋子彩画构图格式的基础上，为皇帝所用建筑装饰而设计的彩画形式，以象征皇权的龙凤纹样为主要图案，大量用金，彩画效果金碧辉煌。

(3) 和玺彩画在保持官式旋子彩画三段式基本形式的基础上，找头部分不用“旋花”，而用龙、凤和西番莲、灵芝。方心绘行龙或龙凤图案。箍头盒子内绘坐龙等。

(4) 和玺彩画形成以后，仍在不断地变化、发展，经历了清代早期至清代中期约100多年的时间（引自蒋广全先生《中国清代官式建筑彩画技术》）。

(5) 清代中叶以后，和玺彩画的线形和细部花纹有较大变化，弧形曲线变为几何直线，找头部位弯曲的莲瓣轮廓线形变为直线条玉圭形，称“圭线光子”。皮条线、岔口线、方心头的线形改为“≮”形线。

(6) 和玺彩画在清代的发展阶段性特征（以下内容主要引自蒋广全先生在《中国清代官式建筑彩画技术》中的阐述）：

1) 清早期和玺彩画的“≮”形大线为曲弧形线，大抵延续到清代中期，之后至清晚期演变成了直线连接的“≮”形线。找头部位弯曲的莲瓣轮廓线变为直线，亦称“圭线光子”，皮条线、岔口线、方心头等线形都相应地改为“≮”形直线。

2) 清早期和玺彩画的箍头画法，普遍画得比较窄，且多用死箍头（素箍头），中晚期的箍头呈现逐渐加宽的趋势，且大量为活箍头做法，少量沿用死箍头。

3) 清早中期和玺彩画的龙纹画法，一般画得较粗壮而富于变化，构图自然活泼，力度神韵十足。清晚期龙纹普遍变得很程式化，且较为纤细，力度较弱，神韵远不及早中期。

4) 清早期和玺彩画在纹饰框架大金线侧面，细部金琢墨拶退纹饰金线以里、斗栱边框金线以里，在与深基底色相交的部位仍保持着明代彩画只做晕色的做法，但晕色画得一般都较细；中期和玺彩画在主体框架大线旁和斗栱金色边框以里，普遍将拉较细的晕色改拉较细的白粉；晚期和玺彩画在主体框架大线旁不仅要拉白粉线，靠白粉线以里还都普遍地拉较宽的晕色，斗栱的金色边框以里，仍保持着清中期只拉白粉的做法。

5）清早中期和玺彩画的贴金，普遍运用贴两色金的做法（当时称为红金箔和黄金箔）。晚期的和玺彩画的贴金，大多已改为只贴一色红金箔。

6）清早期和玺彩画盒子、岔角的描机水纹与描机草纹，仍然保持着唐宋时期的平涂“剔填法”做法，中晚期和玺彩画同部位的做法则一律改成了“切活”。

7）清早中期和玺彩画的青、绿主色和其他大色普遍用国产天然矿质为主的颜料，色彩效果自然稳重、柔和质朴。清晚期以来，这些颜料改成了从国外进口的近现代化工颜料，使得这个时期的彩画效果向着色彩艳丽、对比强烈方面转化。

4. 苏式彩画的演变、发展

苏州地区彩画传入北京，形成官式苏式彩画，同样经过了演变、发展的过程。“苏州彩画传到北方，至清代中期在总体构图上已经被官式彩画所改造，完全官式化、北方化了”（引自蒋广全先生《中国清代官式建筑彩画技术》所引《故宫博物院院刊》王中杰先生的《清代中期官式彩画》一文）。在设色方面也同样官式化、北方化了。“清官式苏画设色的规律性很强，在这方面它与旋子彩画、和玺彩画是基本类同的，它也以青绿两色为主色，同时根据装饰内容的需要，配以相当数量的间色”（引自蒋广全先生《中国清代官式建筑彩画技术》）。

1）构图形式的变化：清早中晚期苏式彩画在形式上都是包袱式、方心式和海墁式三种。清早期多为方心式彩画，清中期以方心式彩画为主，包袱（袱子）式彩画为辅。清晚期以包袱式彩画为主，方心式彩画为辅，并有海墁式的彩画。

2）找头的变化：清早期和中期的官式苏画，找头有檩、垫、枋统一连做画面构图的做法，清中晚期找头檩、垫、枋形成分别构图的制式。

3）包袱的变化：包袱的边框原有花边边框和烟云边框两种，后来是清一色的烟云边框。清晚期，包袱的烟云边也呈现出越画越“窄”的趋向。

4）箍头的变化：箍头由以素箍头为主的做法进化为以万字纹、回纹等有纹饰箍头为主的做法。

5）用金的变化：清早期苏式彩画贴金部位少。清中期，贴金增加，由大线、卡子局部纹饰饰金到较大面积饰金。清晚期苏式彩画的用金量减少。

6）纹饰设置的变化：包袱式苏画（包括方心式苏画）最主要的变化在于包袱、方心、池子内的纹饰从早中期以图案为主，演变成以画白活为主，连同“聚锦”内的白活，构成了晚期苏式彩画的主体风格。方心式苏画晚期特征与包袱式是一致的。海墁式苏画出现了流云纹和爬蔓花卉，并以流云纹和黑叶子花卉为主要题材。

7）纹饰题材的变化：清早中期苏画的包袱、找头、箍头、垫板、方心、盒子、池子内容，多见吉祥图案，晚期较少沿用。锦纹图案（绫锦织纹）在清早中期包袱心中普遍使用。龙纹在清早中晚期都有少量使用。异兽纹清晚期在包袱、方心、盒子、池子等白活绘画中广泛运用。清晚期人物画在包袱、方心、池子、聚锦等白活绘画中多见。线法多见于清晚期白活绘画中，只绘于建筑的重点开间（明间）的包袱或重要建筑的主要部位（明间的包袱、方心，抱头梁梁头、方心、迎风板等）。翎毛花卉于清晚期在包袱、方心、找头、聚锦、盒子、池子、垫板、迎风板、门心、柁头、椽头、月梁、瓜柱等白活绘画中多见。

8）理念的变化。清中期末叶到晚期中叶的画法不追求“形像”但要求“神似”，比较艺术夸张，与大自然差异较大，画法和理念都很有时代特点。清晚期末叶的翎毛花卉画法发生了明显的转化，凡画花鸟普遍“接天地”，表现手法为“写实”，追求“逼真”。晚期末叶至以后苏画向突出绘画内容和纯绘画表现手法方面发展。墨山水、洋山水都是清晚期多见的画法。窝金地工笔重彩青绿山水最早出现在清中期的方心式苏画中，清晚期只在重点开间包袱和方心白活中少量运用，效果别致典雅（引自蒋广全先生《中国清代官式建筑彩画技术》）。

5. 宝珠吉祥草彩画的发展

宝珠吉祥草彩画在设色方面，以主色朱红色或丹色作为基底色，青绿等冷色只使用在少量的细部花纹中，彩画总体风格为暖色调，明显有别于清代其他以青绿为主色的彩画。

宝珠吉祥草彩画的细部主题纹饰的构成仍沿袭着唐宋时期彩画的整团科纹及半团科纹图案（团花图案）的形式，但无论图案的细部画法或构图，已经有了明显的变化，团花个头变得硕大，整团花呈椭圆形，卷草粗壮简练（唐宋时期的团花画得都比较小，呈圆形，花纹纤细繁缛）（引自蒋广全先生《中国清代官式建筑彩画技术》）。

吉祥草彩画，在其他彩画中也有运用，如搭包袱宝珠吉祥草彩画、龙草和玺彩画。

6. 海墁彩画的发展

海墁彩画指的不是海墁苏画，而是一类有别于其他彩画的彩画形式，其出现、发展源于装饰的需要，因建筑用途或根据绘画空间较大的特点创作发展而来。如：在室内柱体、天棚、墙壁等部位，运用写实手法，在较大空间里绘西番莲、藤萝等纹饰。海墁斑竹纹彩画做法成为海墁彩画的一种独特内容和形式。

海墁彩画是由古建筑彩画的发展而产生，本身内容题材、构图形式、绘制技法也在不断变化发展。

（1）海墁彩画做法有：海墁斑竹纹彩画做法、海墁彩画做法（以花卉、山石、建筑、树木等为纹饰题材）（引自蒋广全先生《中国清代官式建筑彩画技术》）。

（2）斑竹纹彩画，俗称斑竹座彩画，主要以斑竹纹做彩画纹饰装饰建筑，将斑竹纹画满建筑的柱、梁、檩垫枋等木构架。有两种色调表现形式，一种是暖色的老斑竹纹，一种是冷、暖色调相间搭配的老、嫩斑竹纹。

（3）海墁彩画，其特点是：没有固定的法式规则的限制，在纹饰、构图上因地制宜、自由多样。在画法上可运用多种技法，如绘建筑和海墁藤萝，有硬抹实开、洋抹、拆垛、作染等画法的结合运用。绘建筑用硬抹实开画法，绘藤萝枝干、叶子用洋抹画法，绘藤萝花用拆垛画法，绘藤萝架用作染画法。

（三）彩画的定型、程式化

1. 总体历史进程

从上述介绍的彩画衍进、变化、发展的基本脉络可见，春秋战国时期已在建筑上施以有色彩的装修，并且等级分明。秦宫即发现壁画。南北朝、隋、唐间的宫殿、庙宇、邸第多用白墙、红柱，或在柱、枋、斗栱上绘制各种彩画。隋唐时期彩画工艺技法已很成熟，已形成了彩画法式、规矩制度。宋、金宫殿在檐下用金、青、绿等色绘制彩画。宋代彩画已形成五彩遍装、碾玉装、青绿迭晕棱间装、解绿装、丹粉刷饰、杂间装几种形式，梁额彩画构图形成定式，退晕、对晕等技法已成熟。元代在沿袭宋代彩画风格的基础上，创造了“旋子彩画”（后人的称谓），并出现了墨线点金五彩遍装、墨线青绿叠晕装和灰底色黑白纹饰三种等级。明代在元代彩画的基础上继续演变，构图更加严谨，方心部位的端头造型形成定式，方心内一般不画纹饰，只平涂颜色（素方心）。旋花进一步图案化，形成了具有明代风格的固定式样。“箍头”画法在明代已经定型。清代早中期彩画比明代彩画的类别、等级、法式、构图、纹饰、设色、工艺、技法等更加趋于定型化，后期形成规范化、程式化，产生出了适用于不同建筑等级、用途的彩画类别，主要有和玺彩画、旋子彩画、苏式彩画三大类彩画形式。但有些彩画并未包含在这三大类彩画之中，因此，把宝珠吉祥草和海墁彩画也分别列为一类，即现行版共有五类彩画形式。

2. 定型后的清官式建筑三大类彩画的主要特征

（1）色彩以青、绿为主（苏画尚配以各种间色）。

（2）法式、图案规范化（苏画题材丰富多样）。

（3）等级划分有序分明。

(4) 绘制工艺明确精细。

(5) 技法多种，严谨灵活（主要指苏画）。

3. 旋子彩画的清官式

旋子彩画最早出现于元代，明初即基本定型，清代进一步规范化、程式化，最后形成“清官式彩画形式”，与明代相比主要发生以下变化：

(1) 等级划分

按用金量多少分为：金琢墨石碾玉、烟琢磨石碾玉、金线大点金、墨线大点金、墨线小点金、雅伍墨、雄黄玉旋子彩画。

(2) 基本构图形式

“三停”构图法。即将一个开间的梁枋的全长除副箍头外，分为三等份，当中的一份（一段）称为方心，占整个构件长度的三分之一。两端各一份，为“箍头＋找头”或“（箍头＋盒子＋箍头）＋找头”所占位置。

方心头为圆弧状。岔口线和皮条线由直折线构成。

(3) 主要纹饰

1) 方心

方心多绘有各种图案。绘龙锦的称龙锦方心，绘锦纹花卉的称花锦方心，青绿底色上仅绘一道墨线（杠）的称一字方心，只刷青绿底色的称空方心。

2) 找头

找头内绘制旋花纹。找头内旋花纹基本单位为“一整二破”（即一个整团旋花，两个半拉旋花），根据梁枋构件的宽窄、长短进行布置组合。也就是：根据梁枋构件的宽度可以做“一整二破”、喜相逢、勾丝咬。根据梁枋构件的长度可做“一整二破”、一整二破加一路（或加金道冠、加两路、加勾丝咬、加喜相逢）等多种形式。

旋花纹中心绘花心（旋眼），旋眼环以旋状花瓣2～3层，由外向内依次称为头路瓣、二路瓣、三路瓣。

3) 箍头

有箍头、副箍头。还可以加盒子，即做两条箍头，之间的空地上画盒子。

4）盒子

盒子分为死盒子和活盒子。死盒子又称硬盒子。活盒子又称软盒子。盒子轮廓线为直线条的为死盒子，曲线的为活盒子。

与明代在设置与形制上有所不同。明代一般在明间设置盒子，盒子宽度比高度小，呈竖向的长方形。

4. 和玺彩画的清官式

和玺彩画产生于明代晚期，清代继续演变，清中期以后仍有变化，逐步定型，形成清官式和玺彩画。

和玺彩画主要特点：用金量大，主要线条和龙、凤、宝珠等图案均沥粉贴金。青、绿、红底色，金色图案。金线衬白粉线或加晕。花纹设置、色彩排列和工艺做法等形成了规矩、法式，如“升青降绿”、“青地灵芝绿地草”等。

和玺彩画，在清代早期至清代中期约100多年的时间里逐渐发展，清代中期至晚期的100多年间，虽然其做法仍有变动，但和玺彩画作为清代一类制度严明的法式彩画可以说已经完成（引自蒋广全《中国清代官式建筑彩画技术》）。

5. 苏式彩画的清官式

清官式苏画，从引入北京至成型，也经历了演进、发展的过程。始自清代中叶，成型于清代后期，大约经历了一个多世纪的时间。苏画既有规矩活又有作画（画白活）富于灵活的彩画形式与工艺，形成了中国建筑彩画的又一种独特风格。

清官式定型后的主要特征：

（1）原南方苏画以锦为主（有苏州老艺人腹稿更有七十二锦之说），进入京城后，京式苏画（清官式苏画）以山水、人物、翎毛、花卉、楼台、殿阁为主。

（2）包袱式苏画，清晚期为软包袱和硬包袱两种。软包袱烟云由多层带状弧线与卷筒构成，称为“退烟云”。烟云层数为单数。烟云托子颜色与烟云相配。

（3）布局形式与和玺彩画、旋子彩画的三段式相同，方心部分和纹饰设置具有不同的特点，彩画风格和功用表达具有独特的方式。方心部分有包袱式、方心式、海墁式，包袱式是将檩、垫、方三件合成一体进行构图。包袱心画白活，画人物、山水、翎毛、花卉、楼台、殿阁等。绘画技法有：硬抹实开、落墨搭色、线法、作染、洋抹等。两件合用时按方心做法，画金鱼桃柳燕。

（4）箍头画法，种类有死箍头、活箍头。规制为“箍头和副箍头”、“箍头副箍头老箍头”形式。设色：正蓝则副绿。纹饰图样丰富多种，比较灵活。如：倒切回纹双连珠带箍头、锁链锦双连珠带箍头、观头箍头（有软、硬两种）、锦纹拆垛葫芦箍头、福寿双连珠带箍头、万寿字双连珠带箍头、倒切万字箍头、倒切万字单连珠带箍头、倒切万字双连珠带箍头、双腿倒切万字灯笼锦箍头、卡子汉瓦单连珠带箍头、卡子汉瓦双连珠带箍头、卡子寿字灯笼锦箍头、卡子四合云丁字锦箍头、卡子汉瓦灯笼锦箍头、攒退卷草花灯笼锦箍头、攒退西番莲卷草花灯笼锦箍头、片金西番莲灯笼锦箍头等。设色规律：青箍头的连珠带用香色退晕，绿箍头的连珠带用紫色退晕。

（5）找头，画卡子。有硬卡子、软卡子两种。线条为曲线者称软，直线者为硬。“青硬绿软”，青地画硬卡子，绿地画软卡子。纹饰有卷草、卷草夹汉瓦、夔龙等。做法有片金、玉做、金琢墨攒退。设色规律：绿地红卡子，蓝地绿卡子或香色卡子，红地蓝卡子。

（6）找头，画聚锦。聚锦边框造型有多种，单体或组合，有动物形、植物形、物件或几何形。珍禽、蝙蝠、寿桃、葫芦、佛手、瓜蔬、福寿、佳叶、香圆、扇面、卷书、古书、斗方、连双斗方、方胜、铜罄、古琴、古钱、云团等。框内画各种图案。

6. 宝珠吉祥草彩画

（1）等级划分

宝珠吉祥草彩画形成了两个等级：高等级的做法为“金琢墨

宝珠吉祥草彩画”，低等级的做法为“烟琢磨宝珠吉祥草彩画”。

（2）构图制式

在横向构件的两端设箍头副箍头，一般为素箍头。箍头以内为主题纹饰。

（3）主题纹饰

根据构件长宽尺度，运用一整两破团花或只用一整团花。

（4）构图方式程式化

1）三裹柁式构件构图：将具有一个底面和两个侧面的构件称为三裹柁式构件。将构件的底面和两个侧面作为一个展开面统一布置构图，无论整、破团花及宝珠都坐正于构件底面的中分线上，团花的卷草自宝珠旁侧出，向构件的两侧面成对称延伸至适度位置。

① 大开间

长且较宽的构件构图，在构件中心部位设整团花，团花横向长度占构件二分之一长度，团花中心设三个宝珠，画一整两破，正向宝珠坐中，叠压侧向宝珠。吉祥草自侧向宝珠旁侧出，构成整团花形。与中心部位的整团花拉开一定的距离作为空地，在两侧箍头以里并与箍头线相连接画四组适应于四个角的相互对称的卷草纹。

长而较窄的构件构图，一般与长且较宽的构件构图相同，不同的是在两侧箍头以里并与箍头线相连接画二组破式团花。

② 小开间

构件较短，在构件中心部位设一整团花，团花长广大小以占据空地适度为宜。

2）单看面构件构图：与三看面构图方式相同，不同的是在一个立面上构图。

（5）工艺设色做法

大木、柱头、椽头、挑檐枋、斗栱、平板枋、桃尖梁头、穿插枋头、霸王拳、角梁、雀替等各部位彩画工艺设色做法都已形成规矩活。

7. 海墁彩画的定型

没有固定的法式规则的限制，在纹饰、构图上因地制宜、自由多样。在画法上可运用多种技法。这就是海墁彩画经发展而形成的一类彩画形式。表现为两种形式：斑竹纹彩画做法、海墁彩画做法。

（1）斑竹纹彩画做法

斑竹纹彩画是海墁彩画形式的一种独特方式，构件表面满绘斑竹纹，做法相对藤萝等其他内容题材的海墁彩画比较固定。

1）特定的纹饰。斑竹纹有老竹纹、嫩竹纹之分。

2）基本构图方式。构件上的斑竹绘制方向一般是与构件的长度方向一致，构成斑竹纹的纹理。

3）两种主要色彩。运用老斑竹纹呈黄色，嫩斑竹纹呈绿色，体现冷暖色调。冷暖色共用，运用不同色相对比产生独特的装饰效果。

4）通常的艺术手法

① 彩画整体运用老斑竹的暖色调，椽飞等局部运用重彩彩画。

② 利用老嫩斑竹纹的颜色区别，呈现出苏式彩画的箍头、卡子、团花的纹饰效果，既是竹子本色又具有艺术性。还可以在椽飞、花板等部位点缀性地做重彩彩画，通过色彩变化呈现出“万绿丛中一点红，动人春色不须多”的效果。

5）基本技术做法

① 调色。有用油（光油）调色和用胶（水胶）调色两种基本做法。

② 罩油。彩画完成后在彩画的表面用透明净光油通罩一遍油。

6）基本工艺程序

① 涂刷底色。

② 拍谱子。

③ 拉外轮廓线。

④ 通过胶矾水（胶调色做法，油调色无此工序）。

⑤ 渲染深色。

⑥ 点斑点。

⑦ 通罩光油。

（2）海墁彩画做法

1）无固定格式的限制也是一种形式。海墁彩画做法是有别于和玺、旋子和苏画的一种彩画形式。其实，这是一类更不易掌握的彩画做法。海墁彩画做法指在建筑或一区域的柱、梁等构件上画斑竹、花卉等，没有固定的法式规则的限制，在纹饰、构图上因地制宜、因人而异、自由多样。斑竹纹密布满画。藤萝纹是在满室内做画，如：柱子、梁、檩、墙壁上绘藤萝，使室内空间形成一个室外空间效果。

2）无固定格式也有其规律章法。海墁彩画虽说没有固定的法式，但其纹饰题材、构图方式，技术方法，都已经形成了通常做法。如藤萝题材，在柱、梁上如何绘制，在墙壁上如何布局，也都成为一种模式。技法上也有成熟的方法，室外用光油调色，室内可用胶水调色等。

3）海墁彩画技法，苏画技法均可运用。根据不同的彩画对象和要求运用不同的技法，也可以中西画法结合。

（四）地方建筑彩画

地方建筑彩画也很丰富，分布于多个地区，如江苏、浙江、湖南、河南、山西、东北等地区的建筑都有彩画，有的地区建筑彩画绘在木构架上，有的地区彩画主要是画在墙壁等部位。地方彩画，从彩画构图形式、纹饰、设色、绘制手法等方面具有与官式彩画不同的特点，纹饰题材多种多样，绘制手法和色彩运用自由。有的地区彩画受官式彩画的影响，在构图、纹饰、色彩上有相同或相近之处，甚至可见其历史的传承延续性，如山西、河南地区的彩画就体现出沿袭了宋代彩画的一些风格特点。再如苏州的忠王府建筑彩画，其绘于晚清，代表了清晚期的彩画风格。从这个角度来看，地方建筑彩画大致可分为两种，一种是与官式无关联的纯地方文化特点的彩画，如纯正的苏州彩画“苏州包袱锦彩画”；一种是与官式有关联的具有官式彩画特点的彩画，有官式彩画形式、风格的彩画一般多见于孔庙、文庙、表彰英雄志士的庙宇。应该说，“地方建筑彩画”是指第一种，民间建筑彩画。

1. 山西彩画

(1) 种类

以晋北的五台山佛教建筑和晋中的商贾大院建筑彩画为代表，晋系有三种彩画：五彩画、一绿细画、金青画。

还有墨线画、素色画。墨线画，在浅底色上勾黑线，不独立存在，用在五彩画中。素色画，素雅，使用两种色，黑白、黑灰、灰白、红赭、黄赭等，与晋北墨线画类似的双色彩画或画法。

(2) 等级

1) 五彩：按构图纹饰繁简和用金量划分为上五彩、中五彩、下五彩。

2) 一绿细画：构图纹饰与旋子彩画接近，绘草片花，形似旋花，也命名为一绿细画草片花彩画。

3) 金青画：根据施金多少，分为大金青、二金青、小金青和刷绿起金四个等级。

(3) 成熟年代

1) 五彩画：成熟于清中期。

2) 一绿细画：成熟于清初期。

3) 金青画：成熟于清晚期。

(4) 主要装饰位置

1) 五彩画：常见于佛教建筑。

2) 一绿细画：应用范围比较广，主要施于寺院，内外檐皆有。

3) 金青画：主要施于民居，少量施于祠堂和庙宇。现存传统金青画主要施于晋中商宅的外檐。

(5) 构图主要特征

1) 五彩画

上五彩与苏画接近。下五彩与旋子彩画接近。

① 上五彩构图

上五彩（图 1-3）的构图方式以三段式居多，大致可以分为顺三段式、倒三段式、顺五段式、倒五段式（图 1-4），兼施搭背池子。

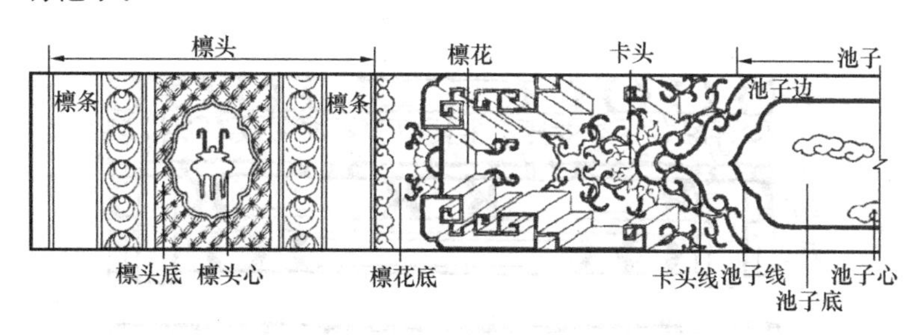

图 1-3　上五彩

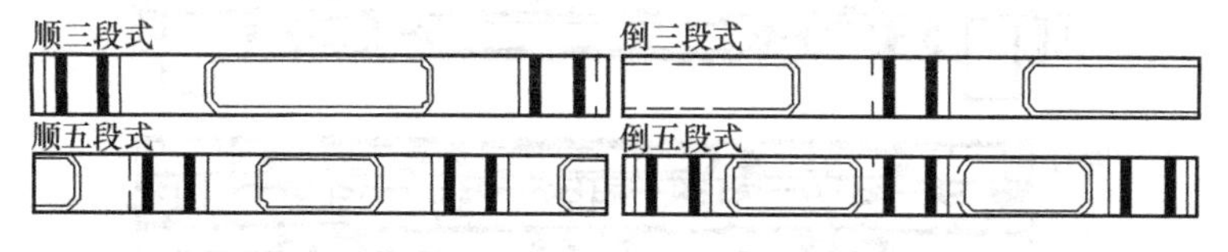

图 1-4　上五彩的四种基本构图形式

② 中五彩构图

主要表现在用金量的减少、构图与图案的简化和暖色的增加。

③ 下五彩构图

下五彩（图 1-5）主要施于寺院中各类建筑的内檐和一些次要建筑的外檐。

下五彩施于外檐时，在构图上比上五彩更为灵活。除顺三段式、倒三段式、顺五段式和倒五段式之外，还增加了池子居中、四份图案三份池子的顺七段式，以及图案居中、四份池子三份图案的倒七段式（图 1-6）。

图 1-5　下五彩

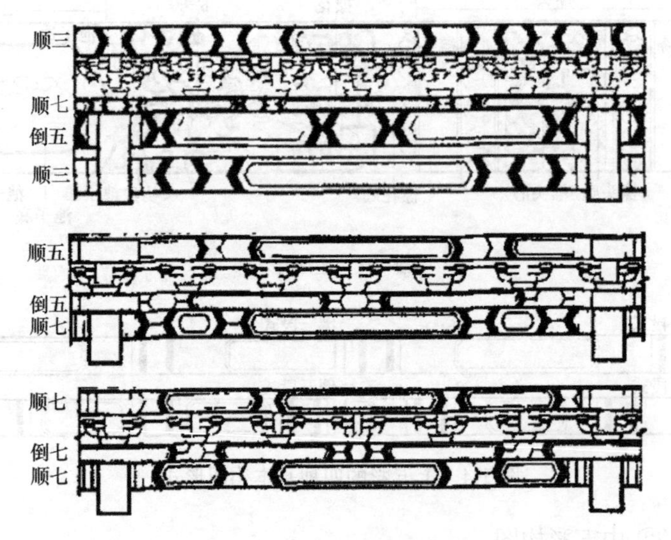

图 1-6　下五彩的构图跳接

构图有基本法式，可根据不同构件的尺度因地制宜地进行调整（图 1-7、图 1-8）。下五彩和一绿细画的构图方式虽然种类多样，但均以顺三段式和倒五段式为代表。

下五彩的池子线分别以宝剑式居多，池子线中部及上下两侧常饰有如意头。

2）一绿细画构图

构图与清官式旋子彩画接近，绘草片花，形似旋花，也称一绿细画草片花彩画。是类似旋子彩画的一种风土彩画类型，一般

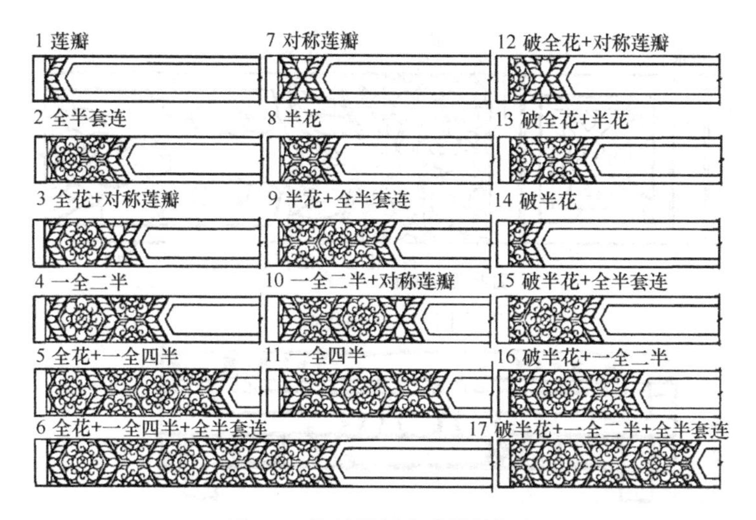

图 1-7　构件端部花棒槌的组合

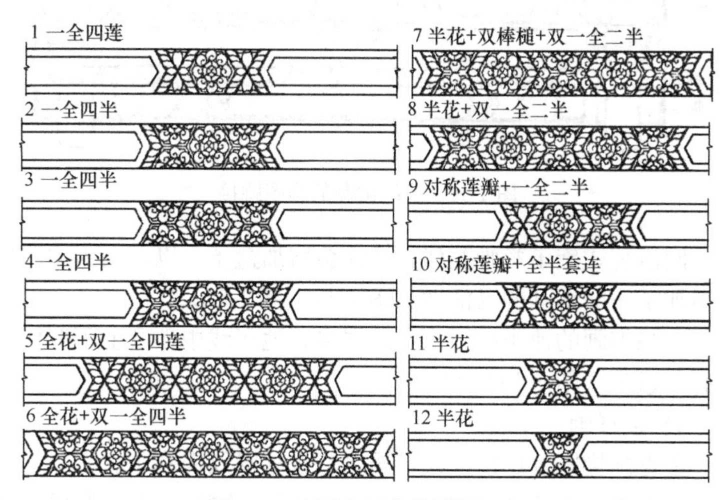

图 1-8　池子之间花棒槌的组合

不用金饰，用于寺院，但主次建筑及内、外檐均可施用。

一绿细画（图 1-9、图 1-10）与下五彩最显著的区别在于特征鲜明的“草片花”及其弧线轮廓。草片花增加了三路瓣乃至五路、七路花瓣。

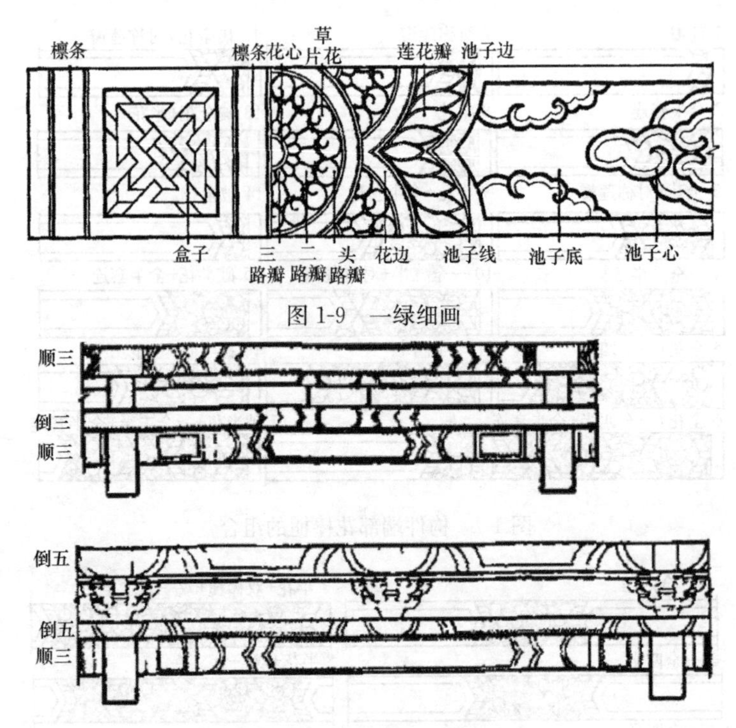

图 1-9 一绿细画

图 1-10 一绿细画的构图跳接

同清官式旋子彩画类似，往往会增加盒子。以曲线为主的特征增加了一绿细画的灵活性（图 1-11、图 1-12）。

一绿细画的池子线以内弧式居多，池子线中部及上下两侧常饰有如意头（图 1-13）。

3）金青画

金青画构图纹饰以汉纹锦居多，也称汉纹锦彩画。

金青画（图 1-14、图 1-15）以檩子、立栏和卧栏为相对重点的装饰部位，三者多由“截头”和“空子”两部分组成，相当于清官式的找头和方心。

大金青、二金青和小金青构图类似，主要由汉纹锦及其环绕的“菊花盘”构成；刷绿起金中主要由相对简单的夔纹编软草和菊花盘构成。

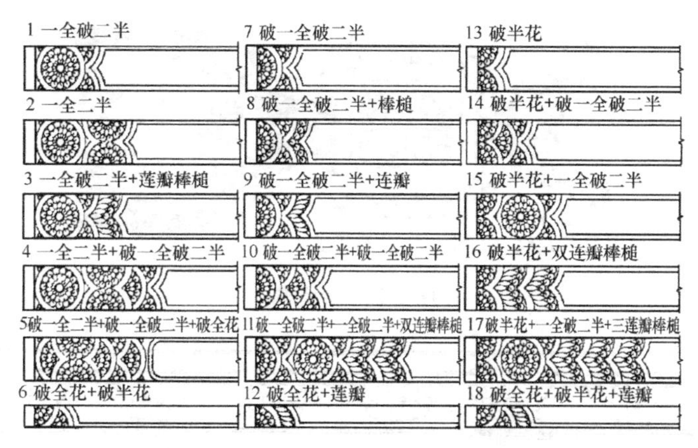

图 1-11　构件端部草片花的组合

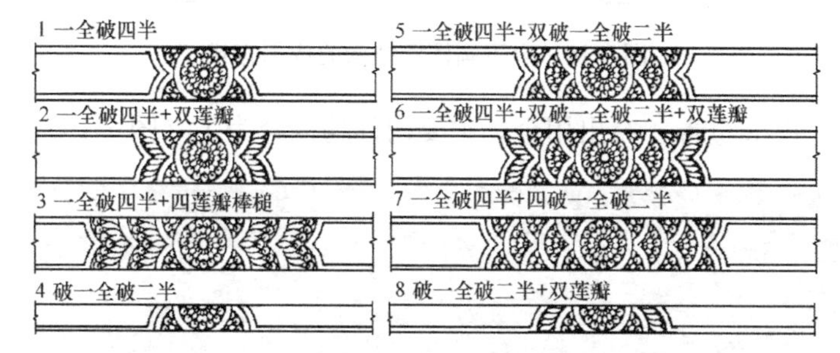

图 1-12　池子之间草片花的组合

图 1-13　一绿细画构图小样

图 1-14　金青画

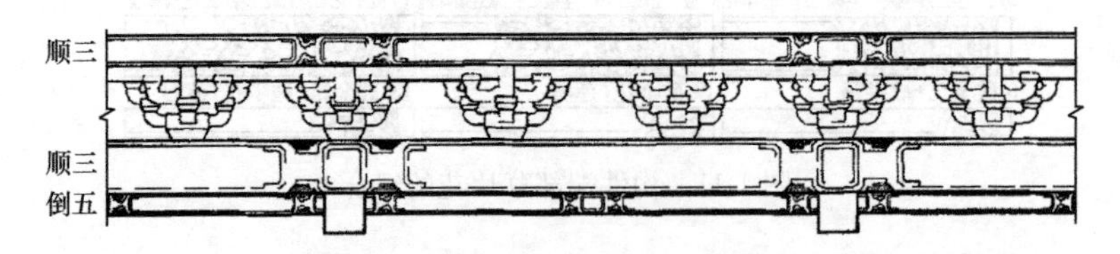

图 1-15　金青画倒置结构的构图方式

① 大金青：突出用金，主要构件均以金为主（图 1-16）。

图 1-16　大金青

② 二金青：金色并重，至少一根主要构件以金为主（图 1-17）。

③ 小金青：突出用色，主要构件均以色为主（图 1-18）。

④ 刷绿起金：绿底金饰，主要图案无色彩变化（图 1-19）。

图 1-17　二金青

图 1-18　小金青

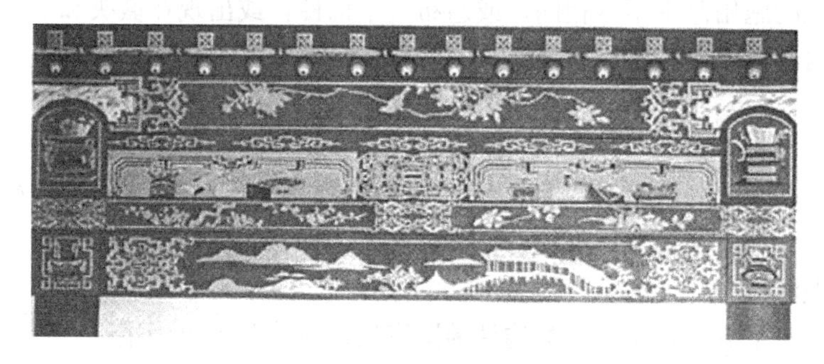

图 1-19　刷绿起金

(6) 设色

1) 五彩画

上五彩：色彩丰富，有蓝、绿、金、红、黑、灰等。

中五彩：将花心沥粉贴金则成为中五彩，俗称“点心成金”。

下五彩：在相邻构件和图案中均以蓝绿跳色为主，并以暖色作为点缀。

2) 一绿细画

一绿细画的基本色调以绿为主，暖色较少出现。在相邻构件和图案中往往也不做跳色。

3) 金青画

金青画具有浓郁的地方特色，彩画最突出的特点就是大面积地用金和强烈的立体效果，不同的色彩搭配直接显示出彩画的等级特征。

大金青中最突出的色彩是金色和蓝色，相邻开间普遍没有跳色处理。

小金青与大金青的用色区别主要在于金色和蓝色的减少，以及绿色和蒙金底的增加。工艺复杂的小金青较多地采用蒙金底和跳色处理。工艺简单的小金青以色底为主，色彩的变化也相对较少。

二金青的色彩处理则介于大金青和小金青之间。

刷绿起金以绿、金搭配为主，复杂的也会适当增加蓝色。蓝色的施用范围不尽相同，或遍布整个构件，或出现在截头和空子内部，或仅施于空子底。

(7) 主要图案

五彩画

上五彩：主要图案有龙凤纹、夔纹、蝠纹、云纹、瑞兽、软草、如意头等。上五彩讲究龙凤组合，没有单用龙纹装饰的做法。

下五彩：施于各类构件的图案均以花草和锦纹为主。

(8) 施工工艺

山西风土彩画工艺主要包括彩画衬地、施工设计和贴金刷色三部分内容。

1）衬地

做法主要施于不披麻的檩枋、梁架等处，包括四种类型，即接近宋代官式做法的胶矾水灰青衬地，具有地方特色的黄土向面衬地，以及接近清代官式做法的泼油灰衬地和血料腻子衬地。

2）施工设计

主要包括传统画匠的三级分工、造价总包的方式和相对简单的起谱。

3）贴金刷色

彩画绘制的基本工序为：沥单双线→（包黄胶）→贴金→刷色。其中先贴金后刷色的顺序恰与清式相反，底色与晕色的刷制往往也合二为一。

2. 苏州建筑彩画

（1）苏州彩画的特征与格调

苏州建筑彩画为“包袱锦”彩画形式，常称“苏州包袱锦彩画”，属于江南地方性的彩画形式，“包袱锦”是其显著特征。

苏州彩画最有特色的就是中间的堂子（北方称方心），有三种类型：

① 有主题的堂子，根据所画题材而定名，例如景物堂子、人物堂子等；

② 本色地的称为清水堂子，不施彩画；

③ 在堂子内布置锦袱。

锦袱像锦缎包在梁枋上，称为江南“包袱锦”，俗称有七十二锦之多。有搭袱子（图 1-20）、系袱子（图 1-21）、直袱子、叠袱子或两种结合的几种形式。搭袱子也称反包袱式，倒三角形状。系袱子也称正包袱式，正三角形状。直袱子，长方形状。叠袱子即一个搭袱子与直袱子重叠，或者一个系袱子和一个直袱子重叠的搭配形式。搭袱子和直袱子居多，大多有箍头。

江南苏州的建筑彩画是自由清新的民间特色，是自然与人文

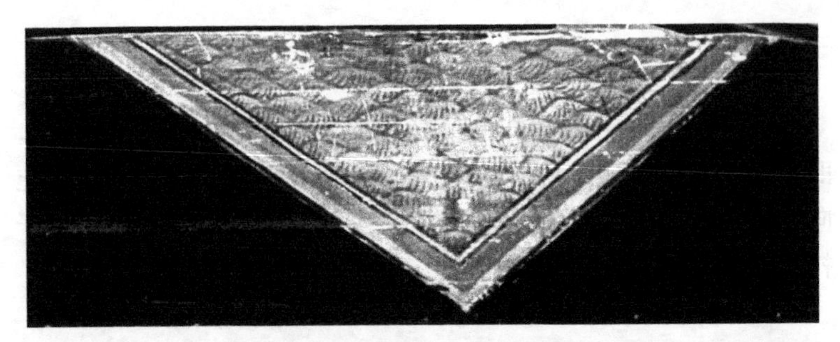

图 1-20　苏画搭袱子彩画形式

图 1-21　苏画系袱子彩画形式

融合的结果，彩画格调秀丽淡雅、色调偏暖。

（2）苏州彩画的历史渊源

清代江南建筑彩画的等级做法是沿用明代江南“包袱锦”彩画的做法，江南明式彩画的构图特点被专家概括为：“以方心包袱锦为主，箍头辅之，少有找头。”

明清两代苏画有其区别与联系。常熟绿衣堂、东山明善堂的建筑彩画，都是明时的江南建筑彩画，前者始绘于明隆、万年间，为江南早期苏式彩画的代表作。后者是明末时的彩画作品。忠王府建筑彩画是绘于晚清代表了清晚期的彩画风格。

綵衣堂彩画综合了江南彩画的上五彩、中五彩和下五彩的做法，靓丽美观，等级较高，下五彩五墨色彩柔和。明善堂彩画据遗存和考证为中五彩和下五彩做法。忠王府彩画是典型的下五彩做法。

（3）苏州彩画的等级划分

清代江南建筑彩画的等级做法沿用了明代江南建筑彩画的等

级做法，一般分为：上五彩、中五彩、下五彩。“上五彩”北方称金琢墨作。主要特点：图案的外轮廓线以及各种分界线均沥粉贴金，图案退晕，多为锦纹。“中五彩”北方称片金作。主要特点：图案及轮廓线沥粉贴片金，不加其他色调和工艺技法。“下五彩”北方称五墨作。即以青、绿、丹、白、黑五色描绘彩画图案称作五墨。主要特点：无沥粉、无贴金、无退晕，整个图案及沿构图分界线内一律采用墨线拉黑边。以青、绿、丹三色平涂。并顺黑线勾一白粉（俗称吃小晕），或以简单的退晕，通常退二色。图案以花鸟、山水居多。

（4）苏州彩画的装饰部位

由于南方气候空气温和湿润，彩画容易脱落，难以保存，因此，彩画一般都绘于内檐。忠王府建筑彩画属特殊一例，内外檐均施彩画。

（5）苏州彩画的传统构图形式

江南苏式彩画主要是施于梁、枋、檩三大部件上，其构图有着一定的规定，崔晋余在《苏州香山帮建筑》中对其构图总结为：“其格式即以被施彩画的部件为单位，按其全长等分为三段，中段叫堂子，靠近堂子的一端叫地，左右两端的外端叫包头（也叫箍头）。”即三段式的彩画构图法（图 1-22）。

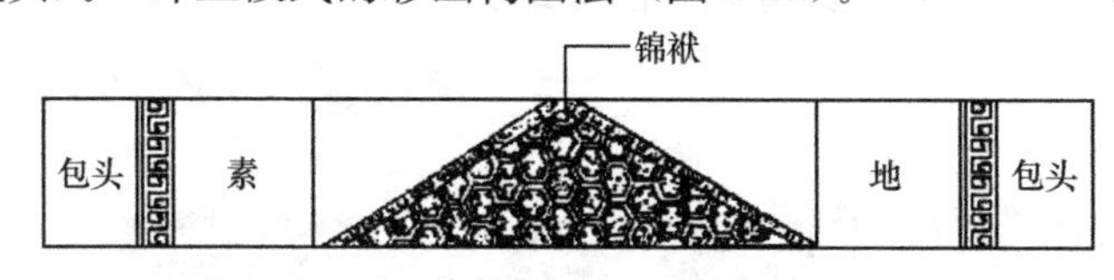

图 1-22　苏画三段式构图法

（6）苏州彩画的图案

1）“包袱锦”锦纹。有各式龟纹，琐子纹，万字锦纹，迴纹，卷草纹样，盘长、福、禄、寿、喜字纹样，水浪锦纹，各种花头组成的锦纹以及如意头组成的锦纹。博古图案组合成静物置于锦袱的两端。

2）箍头部分大都以花草、果实配合如意头、宝相花等。图案大多为写生画。

苏画图案丰富，有花草、虫鱼、走兽、山水、人物、博古、绫锦为题材纹样，各种吉祥寓意图案二龙戏珠、双狮戏球、瓜瓞绵绵、松鼠葡萄、喜鹊桃花、梅花四喜、桂棠报喜、秋色满园等。在王府等建筑里还有龙凤图案，如忠王府建筑的双龙戏珠、飞龙云蝠、螭龙拱寿、凤凰牡丹、彩凤衔花等图案。

3. 河南庙宇建筑彩画（图 1-23）

图 1-23　洛阳关林庙彩画

4. 辽宁庙宇建筑彩画（图 1-24）

图 1-24　辽宁丹东凤城凤凰山（一）

图 1-24　辽宁丹东凤城凤凰山（二）

（五）宋代彩画基本特点简介

1. 做法特点

宋代彩画之制多用叠晕做法。对衬地、调色、衬色、取石色都有其法。

2. 彩画做法

宋《营造法式》卷十四彩画作制度列有六种彩画做法：五彩遍装、碾玉装、青绿叠晕棱间装、解绿装饰屋舍、丹粉刷饰屋舍和杂间装。

(1) 五彩遍装（图 1-25、图 1-26）：在梁、栱类构件的外棱四周（边缘轮廓）均留出一定宽度（做叠晕的宽度）的空边，用青、绿色或朱色做叠晕。各部位的轮廓线以里画五彩不同花饰，用朱色或青绿色剔地，花饰图案之外留出空边（即风路，其宽度比外棱叠晕的宽度少三分之一），与外缘道对晕。

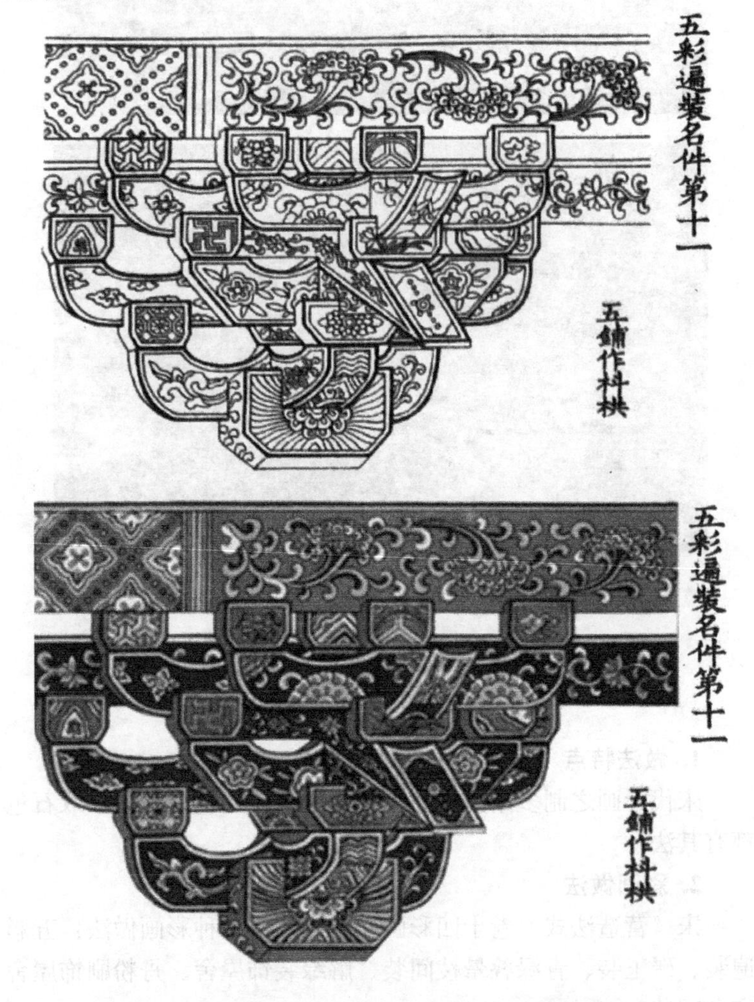

图 1-25 宋《营造法式》彩画作制度——五彩遍装斗栱

图 1-26　宋《营造法式》彩画作制度——五彩装栱眼壁

（2）碾玉装（图 1-27）：在梁、栱类构件的外棱四周（边缘轮廓）均留出一定宽度（做叠晕的宽度）的空边，用青色或绿色做叠晕。如外缘叠晕为绿色，在淡绿地上绘花饰图案，里面为深青剔地。花饰图案之外留空边，与外缘道对晕。如外缘叠晕为青色，其他调换设色。

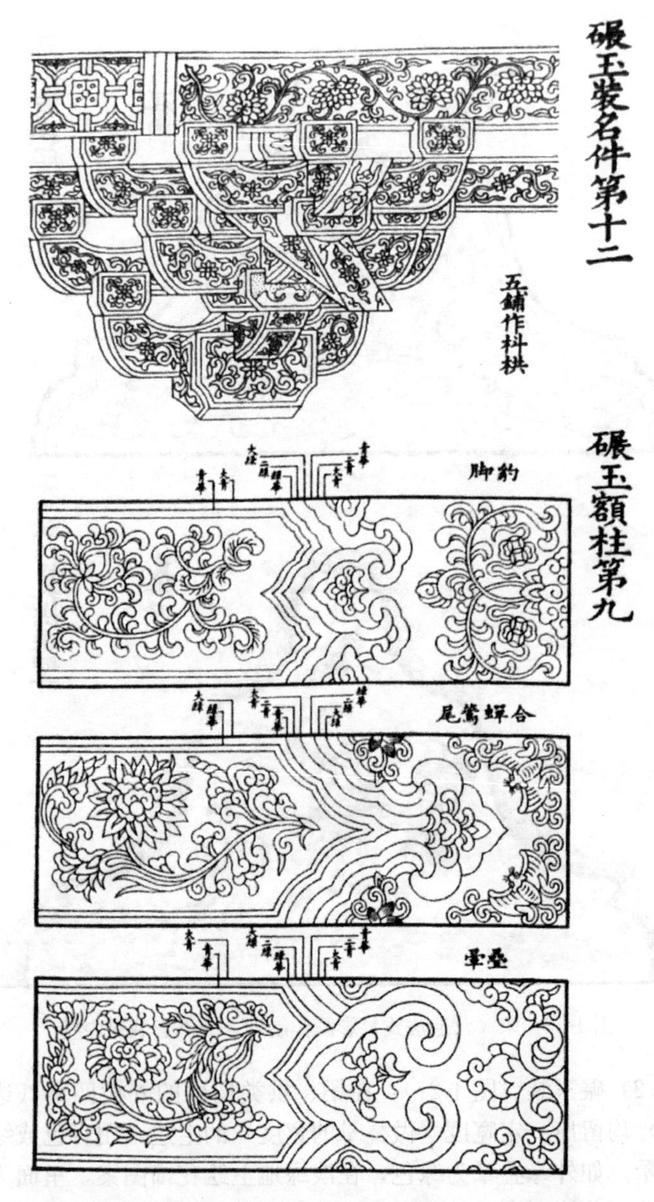

图 1-27　宋《营造法式》彩画作制度——碾玉装做法

（3）青绿叠晕棱间装（图 1-28～图 1-30）：枓、栱类构件的外棱缘道（做叠晕处，宽度为 2 分）为青色叠晕时，内面为绿色叠晕，称为“两晕棱间装”。外棱缘道为绿色叠晕，则内面为青

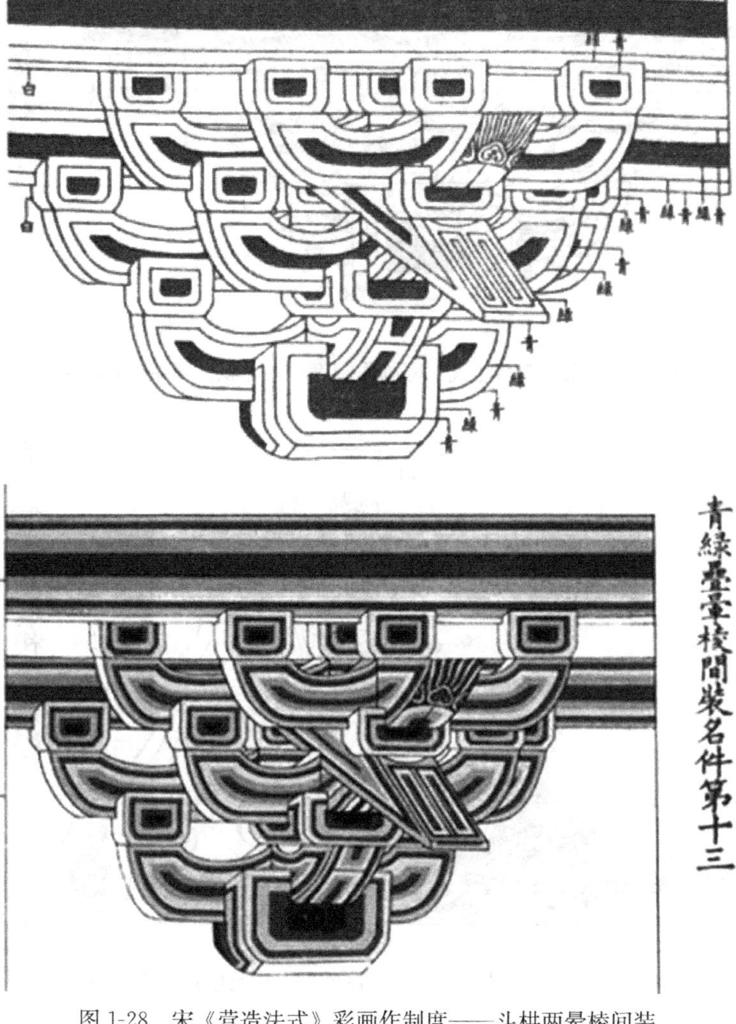

图 1-28　宋《营造法式》彩画作制度——斗栱两晕棱间装

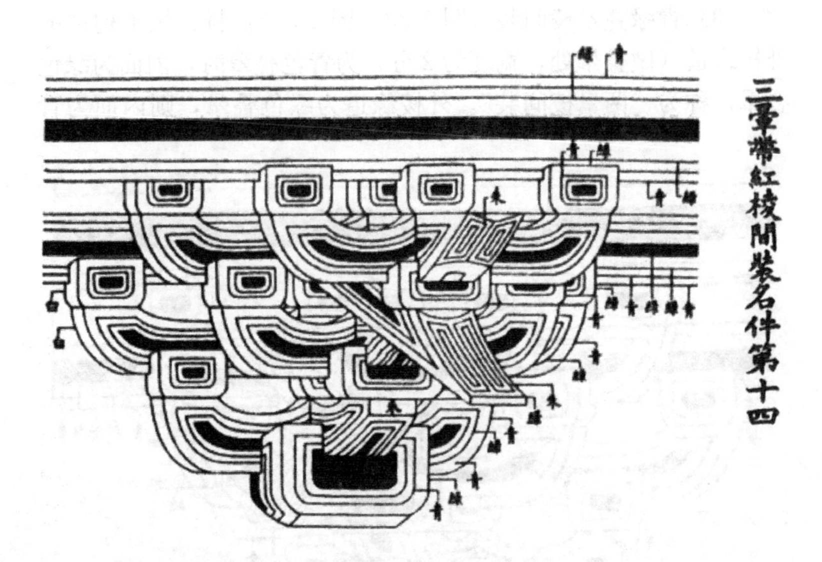

图 1-29　宋《营造法式》彩画作制度——斗栱三晕带红棱间装

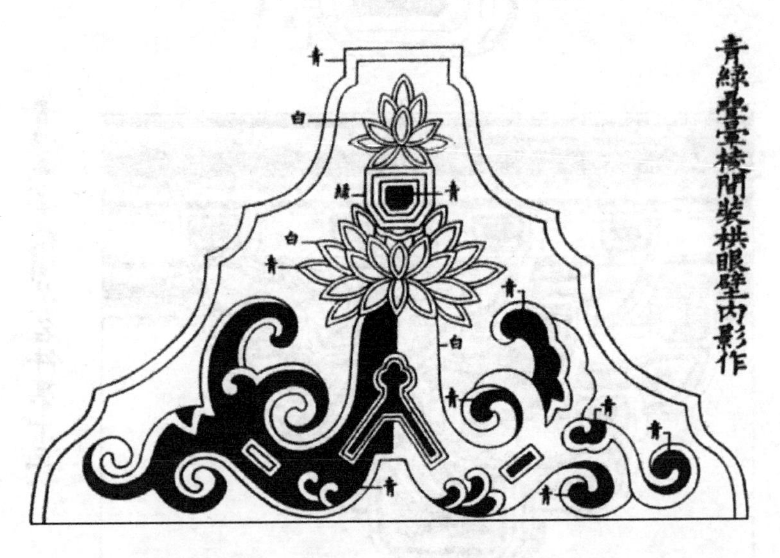

图 1-30　宋《营造法式》彩画作制度——栱眼壁青绿叠晕棱间装

色叠晕。当心又用绿叠晕的，称为“三晕棱间装”。如果外棱缘道用青叠晕，内面做红叠晕，当心用绿叠晕的，称为“三晕带红棱间装”。

（4）解绿装饰屋舍（图 1-31、图 1-32）：用在材、昂、枓、栱类构件上，身内通体刷土朱。其缘道及燕尾、八白做叠晕（青绿相间）。缘道叠晕，深色在外，粉线在内，叠晕宽窄长短同丹粉刷饰做法。只有檐额或梁栿等构件，四周都采用设置缘道做法，两端对称相对做如意头。如画松纹，则通体刷土黄，先用墨线勾出轮廓界线，再用紫檀色填色间刷，心内用墨点节。在枓、栱、枋、桁芯内的朱色地上间绘各种花饰的称为“解绿结华装”（即解绿装缘道内不做花纹，如绘花饰，则称为解绿结华装）。

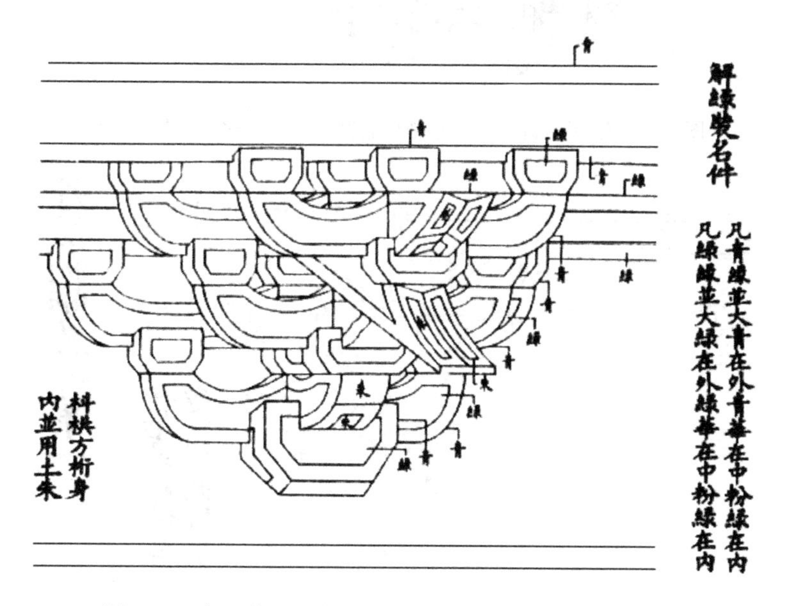

图 1-31　宋《营造法式》彩画作制度——斗栱解绿装做法

（5）丹粉刷饰屋舍（图 1-33）：用在材木构件上，构件面上通刷土朱，下棱用白粉分隔绘出缘道的边界，下面通刷黄丹。其空白缘道的长度和宽度按规定绘制（枓、栱类，栱头、替木类等）。

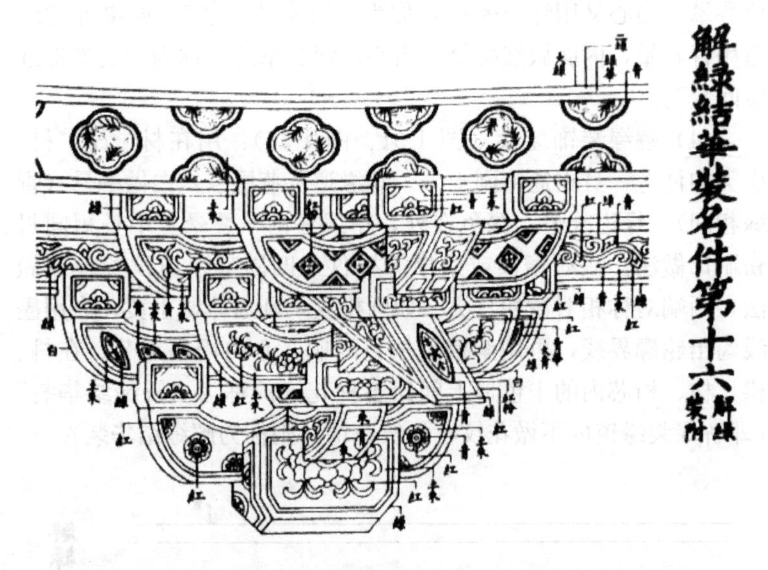

图 1-32　宋《营造法式》彩画作制度——斗栱解绿结华装做法

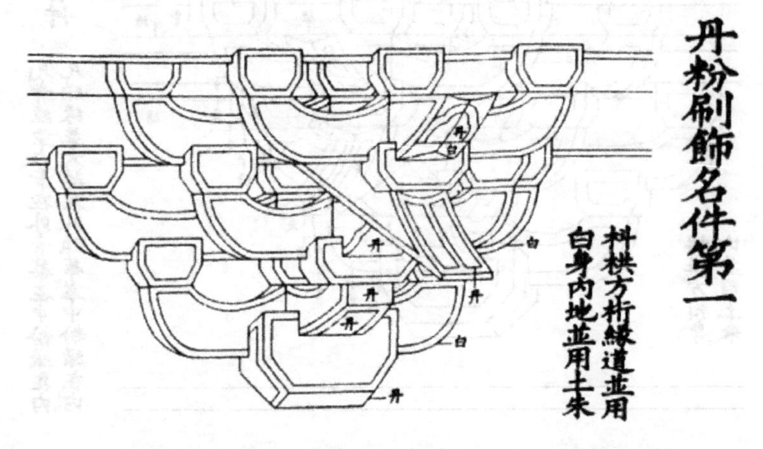

图 1-33　宋《营造法式》彩画作制度——丹粉刷饰做法

（6）杂间装：为五种做法组合使用的做法，即“相间品配”使“令华色鲜丽”，从这句话看，杂间装等级更高。《营造法式》列出的组合有：五彩间碾玉装、碾玉间画松纹装、青绿三晕棱间及碾玉间画松纹装、画松纹间解绿赤白装、画松纹卓柏间三晕棱间装。

3. 纹饰

彩画制度中有华文、琐文、云文、飞仙、飞禽、走兽等（图 1-34）。

（1）华文：分为海石榴华、宝相华、莲荷华、团科宝照、圈

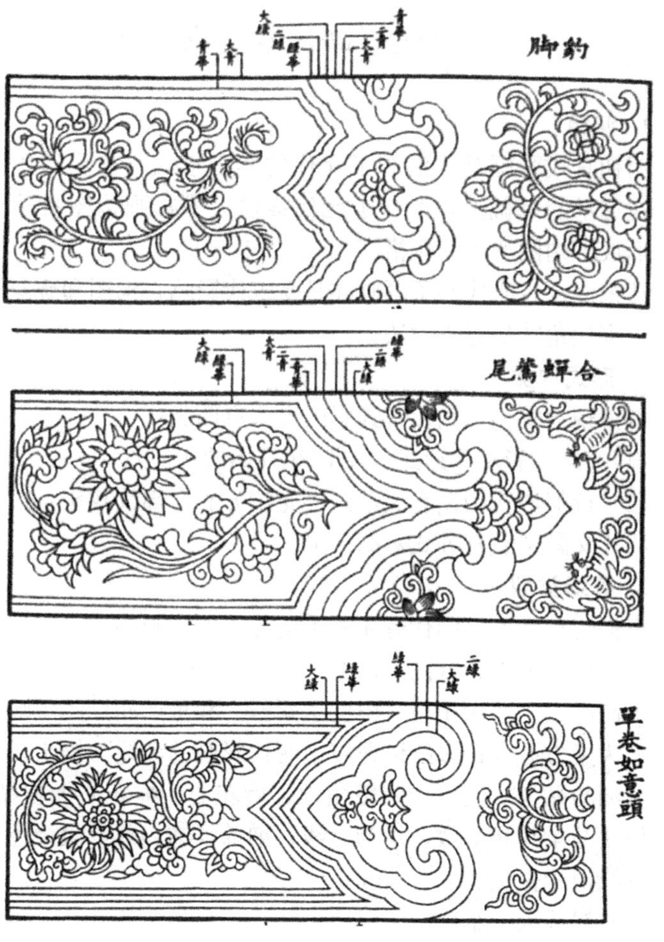

图 1-34　宋《营造法式》彩画作制度——花饰图样

头合子、豹脚合晕、玛瑙地、鱼鳞旗脚、圈头柿蒂九品。

(2) 琐文：分为六品。

(3) 云文：分为二品。

(4) 飞仙：分为二品。

(5) 飞禽：分为三品。

(6) 走兽：分为四品。

（六）明代彩画基本特点简介

1. 渊源

明初官式彩画基本沿袭了元代的彩画形式、色彩运用及工艺。在继承的基础上，改变了元代梁枋大木彩画构图自然的风范，形成了构图严谨的风格。

从根源说，明代旋子彩画亦是受宋代影响，构图和旋花纹样来源于宋代角叶如意头做法。

2. 形式种类

根据现存实物，明代官式彩画形式有两类：

(1)“旋子彩画”形式（1934 年开始的叫法）；

(2) 近似清代中期官式苏画（龙纹方心、锦纹找头）。

明代文献记载有苏式彩画一词。

3. 等级类型

根据现存实例，明代有 4 种不同等级的彩画类型：

(1) 金线大点金（图 1-35）

最高等级。适用于皇宫内的主要殿宇和重要庙坛的主殿。其方心多为素方心，最多绘以龙纹。明代彩画的金线为箍头线和方心线，沥粉贴金。大点金为菱角地、旋花心、栀花心沥粉贴金。天花做法与梁枋相一致，均为金线，细部纹饰局部点缀金色。斗栱为青绿退晕做法。

(2) 墨线大点金

中等级做法。装饰于皇宫内后妃居住的殿堂、比较重要的殿

图 1-35　金线大点金旋子彩画

宇及各种宗教寺庙的主要殿宇。方心不绘纹饰。五大线均为墨线，找头中的旋花心、菱角地、如意头等沥粉贴金。天花用金量相应减少。斗栱做法同金线大点金彩画。

（3）墨线小点金

五大线均为墨线，旋花心和栀花沥粉贴金。

（4）雅伍墨

这一等级的彩画适用于一般建筑。无沥粉贴金。

4. 构图形式

明代官式建筑彩画的构图主要为三段式：找头、方心、找头。不同于清中期以后的三停规制。

明代旋花具有对称的整体造型，花心由莲瓣、如意、石榴等吉祥图案构成，构图自由，变化丰富。

5. 明代旋子彩画的主要特点

（1）用金方面：用金量小，仅旋眼贴金，其他部分多用碾玉装的叠晕。

（2）颜色方面：青色和绿色两大主色。无勾勒白线的做法，有点缀红色做法。所使用的颜料均为国产矿物质材料——石青、石绿、银朱等。

（3）色彩运用：冷暖色调组合，简洁明快，主题突出。如于青绿中用红色装点花心的莲座。用金，不是遍施金箔，而是在花心、花蕊或菱角地重点点饰。

（4）退晕方法：不分彩画等级高低均施退晕做法，晕色由不同色度的同色构成，最浅的色阶为浅青色或浅绿色，非白色，且色阶变化不大，色彩效果柔和、雅致。

（5）方心做法：早期方心头和岔口线为一坡二折或一坡三折的内凹弧形，方心长度大于梁枋长的三分之一，其内不绘纹饰、图案，均为平涂青绿叠晕做法。晚期方心头为宝剑头形状，长度接近梁枋长的三分之一，方心内出现绘以龙纹、锦纹、八宝等纹饰做法（图 1-36）。

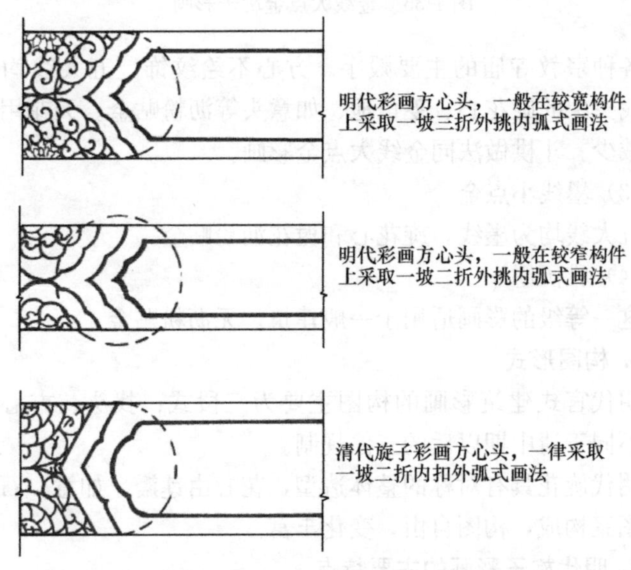

明代彩画方心头，一般在较宽构件
上采取一坡三折外挑内弧式画法
明代彩画方心头，一般在较窄构件
上采取一坡二折外挑内弧式画法
清代旋子彩画方心头，一律采取
一坡二折内扣外弧式画法

图 1-36　方心头明清形式的变化（蒋广全《中国清代官式建筑彩画技术》）

（6）找头做法：早期的找头图案有如意头、旋花形，或两种图案的组合形式。旋眼多为柿蒂纹、石榴花纹饰。晚期，旋花外轮廓趋于正圆，较少用如意头。“一整二破”成为基本形式。已出现勾丝咬、喜相逢等画法（图案根据梁枋高度和找头长短而调整），旋眼多为花瓣状，较少出现石榴花和云头状。旋眼富于变化，有莲花、石榴、云头、如意头等（图 1-37）。

图 1-37　琉璃砖上的彩画图例

（7）箍头的使用：明早期彩画已使用箍头，一般较窄。较长的构件使用双箍头。双箍头之间做“盒子”（图 1-38）。

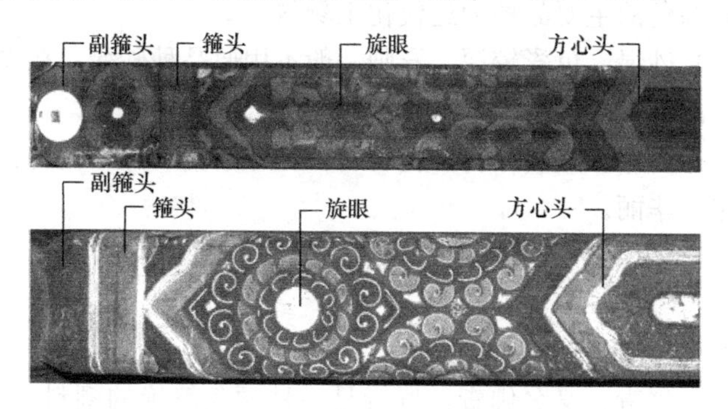

图 1-38　明清旋子彩画对比（曹振伟拍摄注释）

（8）盒子做法：盒子外形有正方形和长方形，内部纹饰多为四出如意头、柿蒂纹、旋花等。根据现存实例，晚期已很少使用柿蒂纹。

（9）斗栱彩画，青绿色退晕做法，不绘花纹。

（10）天花构图已为方、圆鼓子造型，圆鼓内花纹有西番莲纹、佛梵字等。

二、古建筑彩画颜料、辅助材料及主要工具

（一）彩 画 颜 料

1. 绿色系

（1）巴黎绿：又名洋绿，产于德国。因传统彩画多用德国产鸡牌绿，按当时习惯称舶来品为洋，故称洋绿。巴黎绿是现在彩画涂刷绿色的主要品种为近代化工颜料。

（2）砂绿：色彩较深，彩画一般不用原品种砂绿。在没有洋绿的情况下，可以用砂绿替代。

（3）石绿：又名绿青、孔雀石。石绿系铜的一种化合物，颜色鲜艳、华丽。

（4）铜绿：是我国古代发明的最早颜料，不怕日光，又不变色。

2. 蓝色系

（1）群青：又名佛青，群青是一种颜色鲜艳的颜料。耐光、耐高温、耐碱、不耐酸。在彩画中用量很大。群青以明度高、色彩鲜艳为彩画所选用。

（2）石青：是一种天然的铜化合物。颜色鲜艳、华丽，遮盖力强，经久不褪色，较为名贵。

（3）普蓝：又称毛蓝、华蓝、铁蓝。是一种既稳重，又华丽（色泽鲜艳）的蓝色，着色力强彩画中常用做小色。

3. 红色系

（1）银珠：又叫紫粉霜，学名硫化汞。在彩画中银珠用量很大，因其色彩纯正，为彩画中红色的主要颜料。

（2）章丹：又名红丹、铅丹。其色彩呈橘黄色，体重，有毒。色泽艳丽，遮盖力强，经久不褪色。在彩画中既可独自使用，又可以和其他颜料调合或打底色用。

（3）氧化铁红（红土子）：学名三氧化二铁。其色泽稳重呈暗紫色，遮盖力强，经久不褪色。

（4）丹砂：又名朱砂，朱砂有红色与黑色两种晶体，在彩画中做小色用。

（5）紫柳：又名西洋红，在彩画中做小色用。

（6）胭脂：又名燕脂，红色颜料，国产植物颜料，在彩画中做小色用。

4. 黄色系

（1）石黄：又名雄黄、雌黄，均为三硫化砷矿物质颜料，因成分纯度的不同，色彩的色度也深浅不同。

（2）铬黄：又名铅铬黄、黄粉等，遮盖力较强。

（3）藤黄：植物颜料、颜色透明、不耐日光、不耐久，在彩画中做小色用。

5. 白色系

（1）钛白粉：学名二氧化钛，钛白粉的化学性能较稳定，遮盖力与着色率均较强，在彩画中可做白色用。

（2）铅白：又名胡粉、宫粉、锭粉、学名碱式碳酸铅，俗称白铅粉，在彩画中称中国粉。

（3）立德粉：学名锌钡白，立德粉为中性颜料，彩画中对立德粉的使用较慎重。虽然该颜料遮盖力强，但该颜料不宜在室外大量使用（目前，仅限于在仿古建筑中使用）。

（4）乳胶漆：白色乳胶漆既可大面积涂刷，又可与其他颜料调合配制，遮盖力与着色率均较强（目前，仅限于在仿古建筑中使用）。

6. 黑色系

（1）碳黑：又名乌烟、黑烟子。碳黑遮盖力与着色率、耐晒性均较强。因其无光泽，所以在彩画中多有运用。

（2）书画墨汁：现代书画材料，在彩画中多运用于绘画。

（二）辅助材料

古建筑彩画除了主材料画颜料外，还有一些其他材料也是彩画不可缺少的材料，这里称为辅助材料，包括调配彩画颜料所用的胶以及白矾、大白粉、滑石粉、光油、纸张等。

1. 骨胶

用动物骨骼制成，属于蛋白质类含氮的有机物质，一般为金黄色的半透明体。

2. 皮胶

用动物皮制成，一般为黄色或褐色半透明体。

3. 乳胶

现代胶结材料，一般为半透明体。

（三）主要工具

1. 彩画用笔

各种规格的油画笔，白云笔、叶筋笔或衣纹笔、大描笔等。

2. 辅助工具

钢直尺、盒尺、木尺、三角板、圆规、砂纸、沥粉工具（单双尖子、老筒子、塑料袋、小线）、土布子（粉包）、刷子、手皮子（过箩使用）、剪子、裁纸刀、刷子、铅笔、橡皮、粉笔、扎谱子针、碗、大中小号调色盆、勺、调色棒、80 目箩、牛皮纸、红墨水、水桶、小油桶。

三、古建筑彩画种类、等级与配置

（一）彩画种类和等级

中国古建筑彩画种类主要有三大类：和玺彩画、旋子彩画和苏式彩画。后来又总结概括出两种其他类别的彩画：宝珠吉祥草彩画和海墁彩画。本章重点介绍前三种彩画。

1. 和玺彩画

（1）和玺彩画，在清工部《工程做法》中称为“合细彩画”，1934 年建筑学家梁思成先生在《清式营造则例》中将其命名为“和玺彩画”。

（2）和玺彩画是清代官式建筑三大主要彩画类型（和玺、旋子和苏式彩画）之一，品级最高。

（3）和玺彩画作为品级最高的彩画形式，为皇权服务而产生，所以仅用于皇家宫殿、坛庙的主殿及堂、门等重要建筑上。

（4）构图形式：由方心、找头和箍头三部分构成（图 3-1）。

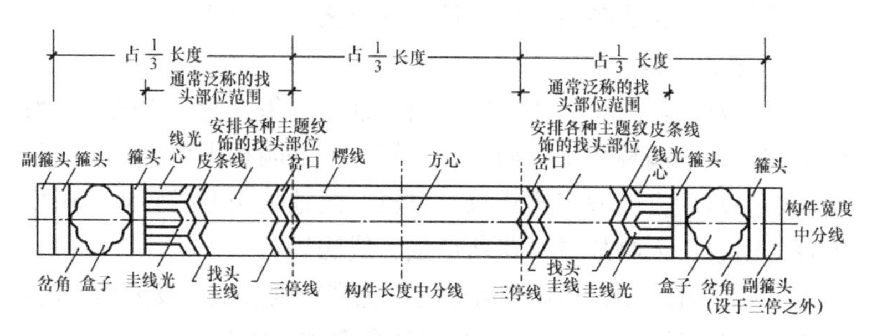

图 3-1　和玺彩画分三停构图（蒋广全《中国清代官式建筑彩画技术》）

（5）主要特点：构图中的“⟨ 形折线框线”是和玺彩画的标

志。≷形框线处于找头内。内两条称找头圭线。外两条与找头圭线随形画出，分别形成岔口和皮条线。方心端部框线也与找头圭线随形画出。方心主要绘制各种不同的龙或凤图案。和玺彩画五大线及龙凤纹等均沥粉贴金，画面龙凤呈祥、金碧辉煌。

2. 旋子彩画

（1）旋子彩画俗称“学子”、“蜈蚣圈”，后将其命名为旋子彩画。

（2）旋子彩画等级仅次于和玺彩画。

（3）旋子彩画的主要特点在找头部分，其纹饰特点为旋涡纹，是“旋子”的由来。

旋涡纹由花心和两层花瓣构成，两层花瓣分别称为头路和二路花瓣。一个完整的旋涡纹构成一个整的旋花，半个旋花称为“破”，找头部分通常由一个完整的旋花和两个半拉旋花组成，称一整两破。还有一整两破加一路、加两路、加黄道冠、加喜相逢、加勾丝咬的形式。这些形式因找头的长度而产生，使用时根据找头的长度设定。

（4）方心由楞线围成，两端外侧用岔口线、皮条线与找头分隔。方心所画纹饰根据彩画的等级确定，可画龙凤、宋锦、一字或不绘任何图案。

（5）清官式旋子彩画的格式特点被称为“三段式”，即一间梁枋长由“三停线”划分为三段，方心占构件全长的三分之一。两端的找头、箍头各占构件全长的三分之一（图 3-2）。

3. 苏式彩画

（1）宫式苏式彩画的装饰功用有别于和玺、旋子彩画，一般用于装饰皇家园林建筑，如亭台、轩、榭等园林小型建筑。清代晚期，皇宫后宫的殿宇式建筑，也较广泛地施用苏式彩画。画面内容为山水、人物故事、花鸟鱼虫、线法等。

（2）清官式苏式彩画是从江南的包袱彩画演变、发展而来的，构图形式有三种：方心式、包袱式和海墁式（图 3-4～图 3-6）。构图特点以“包袱”式最为突出。

心式苏画一般用于内檐，同和玺、旋子彩画采用长形方心。

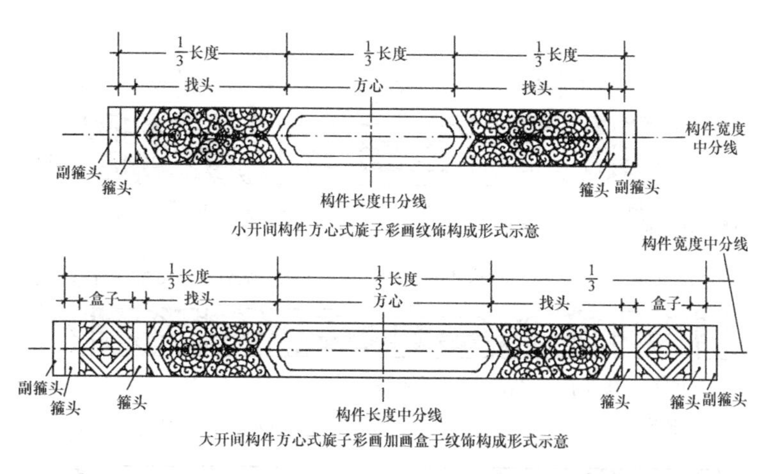

图 3-2　旋子彩画分三停构图（蒋广全《中国清代官式建筑彩画技术》）

外檐在开间中部通常将檩、垫、枋合成一体构图，做半圆形画框，称“搭袱子”，俗称“包袱”（图 3-3）。包袱内可绘山水、花鸟、人物、线法等各种题材。包袱的轮廓由内、外两部分构成，内部分称“烟云”，卷成筒状的部分称烟云筒，内部分以青、紫、黑三色为主。外部分称“托子”，以黄（土黄、章丹）、绿、红三色为主。多层线条带的绘画技法称“退烟云”，可退 5～11 道，须单数。轮廓大线用墨线或金线，分别称为墨线苏画、金线苏画。

图 3-3　包袱构造图例

包袱两侧的找头：青地，画聚锦、硬卡子。绿地，画折枝黑叶子花或异兽、软卡子，即“硬青软绿”。红色的垫板上大多画软卡子，箍头内绘回纹、万字、联珠、方格锦等图案。

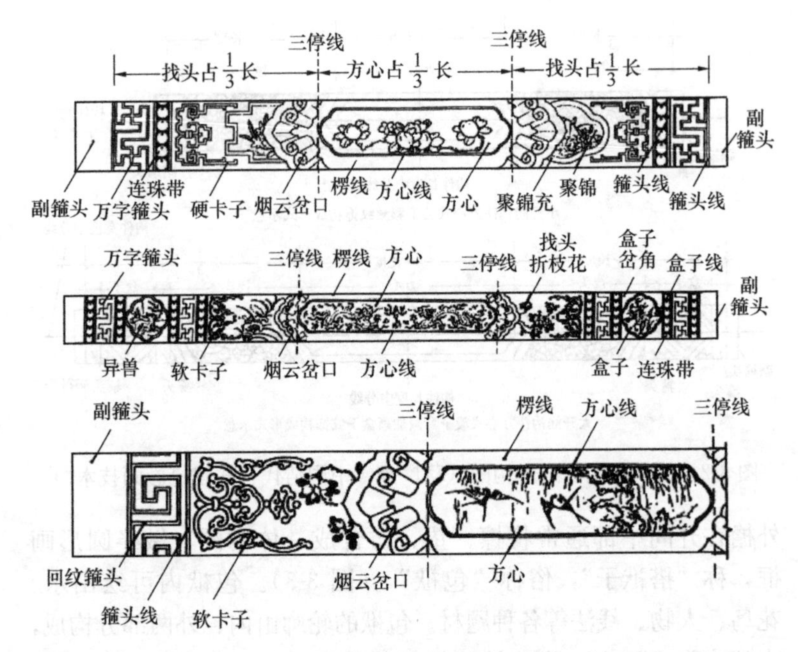

图 3-4　方心式苏画分三停构图及不同长度构件图案的处理方法（蒋广全）

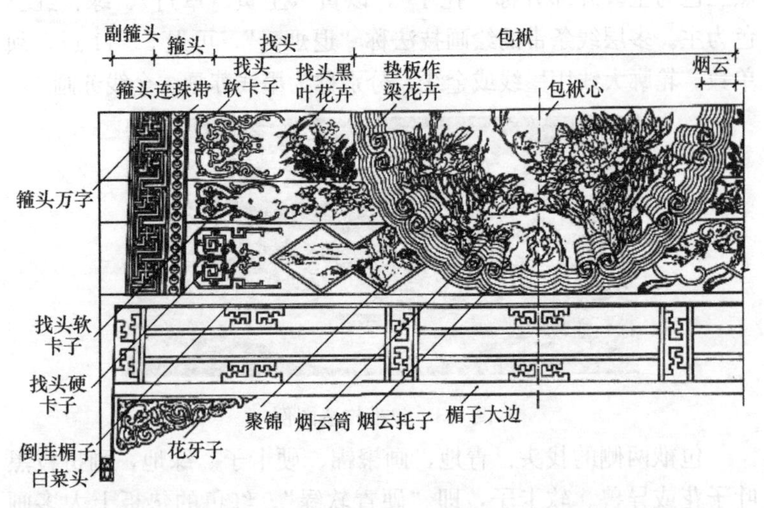

图 3-5　包袱式苏画构图形式（蒋广全《中国清代官式建筑彩画技术》）

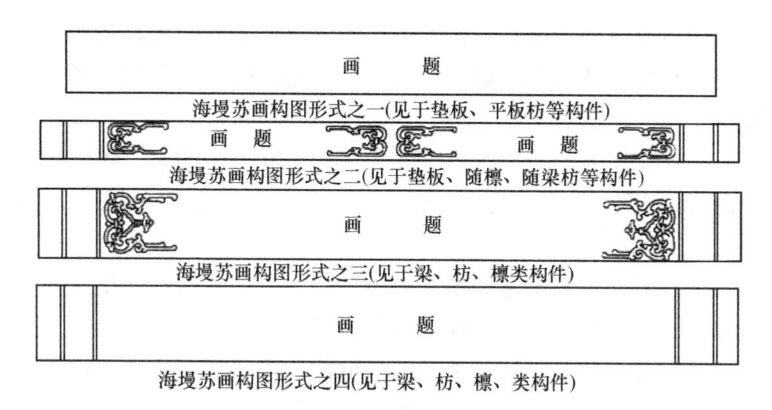

图 3-6 海墁式苏画构图形式（蒋广全《中国清代官式建筑彩画技术》）

（二）彩画等级与建筑等级的关系

建筑等级高，彩画等级也高。反之，彩画等级高，说明建筑等级高。

这体现了彩画等级因建筑等级而产生。建筑等级决定了彩画的等级。这是封建社会等级制度在建筑和彩画上的反映。建筑等级因屋主人的身份而分高低。彩画因建筑的装饰而产生，为建筑等级而服务。下文主要介绍各类彩画的品级与适用的建筑范围。

1. 和玺彩画

和玺彩画是中国古建筑彩画中最高品级的彩画，和玺彩画本身等级层次明确而严明。仅装饰于皇帝登基、理政、居住的殿宇和重要坛庙建筑上。低等级的龙草和玺用于皇宫的重要宫门、主轴线建筑的配殿。梵纹龙和玺装饰于敕建藏传佛教寺院的主要建筑。

（1）龙和玺是和玺类彩画的第一等级，只适用于皇帝登基、理政的殿宇和重要坛庙的主殿。如紫禁城外朝的重要建筑以及内廷中帝后居住的等级较高的宫殿。太和殿、乾清宫、养心殿等宫殿多采用“金龙和玺彩画”。

（2）龙凤和玺是和玺类的第二等，仅次于龙和玺，适用于帝后寝宫和祭天建筑的主殿（如天坛祈年殿、故宫交泰殿、慈宁宫等）。

（3）龙凤方心西番莲灵芝找头和玺是和玺类的第二等，用于装饰帝后寝宫及重要祭祀建筑。如故宫寿康宫、天坛斋宫的寝宫。

（4）凤和玺彩画是和玺类的第二等，一般多用在与皇家有关的地坛、月坛建筑上，如地坛的皇祇寺。

（5）龙草和玺是和玺类中的最低的等级，适用于皇帝敕建的寺庙中轴建筑上、皇宫的重要宫门和中轴线上的配殿、配楼及重要寺庙的主要殿堂。如太和殿前的弘义阁、体仁阁等较次要的殿宇。

（6）梵纹龙和玺彩画，用于装饰藏传佛教寺院的主要建筑。

2. 旋子彩画

旋子彩画等级次于和玺彩画，是清代官式彩画中的第二大类彩画形式，一般用于次要宫殿或寺庙中，大致可分为四个范围：

（1）使用在皇宫、皇家园囿中的次要建筑，如一般殿堂、门庑、值房等多采用这类彩画。其中使用最多的是金线大点金和墨线大点金两种。个别比较重要的殿堂亦采用金琢墨石辗玉或烟琢磨石辗玉。值房一类低等级建筑多采用小点金或雅伍墨。

（2）皇宫内外祭祀祖先的殿堂（如奉先殿、太庙等），帝后陵寝的主体建筑采用这类彩画中的高等级品种，如故宫奉先殿内所绘的是浑金旋子彩画，大殿绘的是烟琢墨石碾玉旋子彩画。清东、西陵的主体建筑也绘的是烟琢墨石碾玉旋子彩画。

（3）重要祭祀坛庙的次要建筑及一般庙宇和王府等也都采用旋子彩画。

（4）雄黄玉旋子彩画是一种专用彩画，主要用于炮制祭品的建筑装饰上，如帝后陵寝及坛庙的神厨、神库等。有时也有例外，如北海阅古楼本是贮存法帖的建筑，也采用此种彩画。

3. 苏式彩画

苏式彩画风格有别于和玺彩画、旋子彩画。一般用于园林中的小型建筑，如亭、台、廊、榭以及四合院住宅、垂花门的额枋上。

官式苏画等级制度划分严格，一般，主体建筑采用高等级彩画，次要建筑采用低等级彩画。

（三）大木构件彩画与其他构件局部彩画配置

大木构件彩画指檩（桁）、垫板、枋（额枋）、梁及柱头等部位的彩画。局部彩画指斗栱、天花、椽望、角梁等处的彩画。其他构件局部彩画图案纹样和工艺与大木构件彩画有着等级上的对应关系。

从彩画的产生、演变、发展到定型、程式化，彩画与建筑有着等级匹配关系，一个建筑不同部位的彩画也有等级匹配关系，即大木彩画与其他局部彩画之间的等级关系应匹配。

1. 大木彩画部位与其他彩画部位的界定

（1）大木彩画部位，指大木梁架、主要部位，如：梁、檩、垫板、枋等。

（2）其他彩画部位，指大木构件的局部、特殊构件和装修部位，如：柱头、梁头（柁头）、枋头、角梁、椽望、斗栱、宝瓶、雀替、楣子、花板、天花等。

2. 椽头彩画与大木彩画的匹配

（1）椽头彩画的基本形式

飞椽椽头彩画形式有：万字、金井玉栏杆、十字别、栀花、菱杵等。

檐椽椽头彩画形式有：寿字、龙眼宝珠、栀花、柿子花、福字、福寿、福庆、福在眼前、百花图、六字真言等。

（2）飞椽椽头与檐椽椽头彩画的匹配

1）和玺彩画、高等级苏画：飞椽椽头片金万字（绿地、片金边框）——方或圆形檐椽椽头片金寿字（青地、片金边框）。

2）中高等级和玺、旋子、苏画：飞椽椽头片金万字（绿地、片金边框）——圆形檐椽椽头金龙眼宝珠（青地、片金边框）。

3）中高等级旋子彩画：飞椽椽头片金万字（绿地、片金边框）——方形檐椽椽头墨栀花（青、绿地相间排列、片金边框、金花心、金菱角地）。

4）中等级旋子彩画：飞椽椽头片金万字（绿地、片金边框）——方形檐椽椽头墨栀花（青、绿地相间排列、墨边框、金花心、金菱角地）。

5）中高等级苏画：飞椽椽头片金万字（绿地、片金边框）——方或圆形檐椽椽头朱红寿字或朱红福字、彩做柿子花、彩做福（蝙蝠）寿（寿桃）、彩做福（蝙蝠）磬、彩做百花图等（青地、片金边框）。

6）低等级旋子、苏式彩画：飞椽椽头墨万字（二绿地、墨边框）——方形檐椽椽头墨栀花（青、绿地相间排列、墨边框）。

7）低等级旋子、苏式彩画：飞椽椽头墨万字（二绿地、墨边框）——圆形檐椽椽头退晕墨龙眼宝珠（青、绿地相间排列、墨边框）。

8）低等级苏式彩画：飞椽椽头绿阴阳万字——方形檐椽椽头彩做福（蝙蝠）在眼前等吉祥寓意纹饰（青地、墨边框）。

9）中高等级苏式彩画：飞椽椽头片金栀花——方形檐椽椽头百花图或福寿等吉祥寓意纹饰（青地、片金边框）。

10）中高等级苏式彩画：飞椽椽头花心片金墨栀花（二绿地、片金边框）——方形檐椽椽头福寿等吉祥寓意纹饰（青地、片金边框）。

11）中高等级旋子彩画：飞椽椽头拉饰白线和晕色的金井玉栏杆（绿地、片金边框）——圆形檐椽椽头退晕金龙眼宝珠（青、绿地相间排列）。用于帝后陵寝和皇宫建筑。

12）高等级苏画：飞椽椽头拉饰白线和晕色的金井玉栏杆（绿地、片金边框）——圆形檐椽椽头片金寿字（青地、片金边框）。用于皇宫建筑。

13）中等级苏画：飞椽椽头墨十字别（绿地、片金边框）——方形檐椽椽头彩柿子花（青地、片金边框）。用于皇宫建筑。

14）低等级苏画：飞椽椽头墨十字别（二绿地、墨边框）——方形檐椽椽头彩柿子花（青地、片金边框）。用于皇宫建筑。

15）建筑不做彩画，只做刷饰者，飞椽椽头平涂绿色，檐椽椽头平涂青色。

16）藏传佛教建筑和玺、旋子彩画：飞椽椽头片金万字（绿地、片金边框）——圆形檐椽椽头片金寿字（朱红地、片金边框）。

17）藏传佛教建筑和玺、旋子彩画：飞椽椽头片金万字（绿地、片金边框）——圆形檐椽椽头片金六字真言（青地、片金边框）。

18）藏传佛教建筑高等级旋子彩画：飞椽椽头画菱杵（绿地、片金边框）——圆形檐椽椽头片金六字真言（青地、片金边框，一椽头一字）。

19）藏传佛教建筑中高等级旋子彩画：飞椽椽头片金栀花（绿地、片金边框）——圆形檐椽椽头退晕金龙眼宝珠（青、绿地相间排列、片金边框）。

3. 椽望彩画与大木彩画的匹配

（1）一般建筑只是椽子涂色，红帮绿底。

（2）只有非常重要的殿堂建筑，与高等级的和玺彩画相配，椽望才做彩画。飞椽画卷草式叶梗灵芝花纹，檐椽画卷草式叶梗西番莲花纹，望板画流云纹。

4. 垫板、平板枋与大木彩画的匹配

（1）垫板

大式建筑为由额垫板，小式建筑为垫板。

1）纹饰种类：跑龙纹、龙（跑龙）凤纹、吉祥草纹、佛八宝纹等。

2）匹配适用：等级最高的跑龙纹，多用于龙和玺彩画的垫板；其次是龙凤纹，用于龙凤和玺彩画的垫板；再次是吉祥草纹，可用于各种和玺彩画的垫板；佛八宝纹，为特殊功用的题材纹饰，只用于藏传佛教建筑梵纹龙和玺及龙草和玺彩画的垫板。

（2）平板枋

1）纹饰种类：跑龙纹、龙凤纹、卷草卡饰梵纹、杂宝纹等。

2）匹配适用：跑龙纹，一般用于龙和玺、龙草和玺、梵纹龙和玺彩画的平板枋；龙凤纹，只适用于龙凤和玺彩画的平板枋；卷草卡饰梵纹，仅限用于藏传佛教建筑龙草和玺彩画的平板枋；杂宝纹，见于清皇宫龙草和玺彩画建筑的平板枋。

5. 垫栱板彩画

（1）垫栱板主题纹饰种类

1）坐龙；

2）夔龙（坐夔龙或升夔龙）；

3）坐龙与升凤同用；

4）三宝珠火焰（或单宝珠火焰）；

5）片金西番莲；

6）玉做西番莲；

7）片金灵芝；

8）空垫栱板（朱红地不做任何主题纹饰）；

9）梵纹；

10）菱花眼钱。

（2）垫栱板主题纹饰与主体彩画的匹配

1）坐龙垫栱板彩画：片金坐龙，灶火门大线做片金，用于龙和玺彩画的垫栱板。

2）夔龙垫栱板彩画：片金夔龙，坐夔龙或升夔龙，灶火门大线做片金，用于某些龙和玺、龙凤和玺彩画的垫栱板。

3）坐龙与升凤同用垫栱板彩画：坐龙、升凤两种纹饰各为一块垫栱板，连续排列，见于某些龙凤和玺彩画的垫栱板。

4）三宝珠火焰垫栱板彩画：火焰做片金，三宝珠做青、绿相间退晕，灶火门大线做片金，广泛用于清代各类中高级彩画的垫栱板。

5）片金西番莲垫栱板彩画：片金西番莲，灶火门大线做片金，用于中高等级苏画和清早期某些龙和玺彩画的垫栱板。

6）玉做西番莲垫栱板彩画：玉做西番莲，灶火门大线墨线，用于清中期墨线苏画的垫栱板。

7）片金灵芝垫栱板彩画：片金灵芝，灶火门大线做片金，仅见于清早期某龙和玺彩画的某些特定部位垫栱板。

8）空垫栱板彩画：用于除和玺彩画外的其他各类高（清代陵寝高等级旋子彩画）中低等级彩画的垫栱板。两种做法：高等级做法，灶火门大线做片金，朱红地内不做任何纹饰；低等级做法，灶火门大线做墨色，朱红地内不做任何纹饰。

9）梵纹垫栱板彩画：片金梵纹，灶火门大线做片金，见于藏传佛教建筑金线大点金旋子彩画的垫栱板。

10）菱花眼钱垫栱板彩画：菱花眼钱纹饰的轮廓做片金，灶火门大线做片金，用于建筑做有菱花眼钱的高等级彩画的垫栱板。

6. 柱头与大木彩画的匹配

柱头彩画的主体框架大线、细部及其主题纹饰的做法，与同建筑的大木和玺彩画相互间应是基本一致的。

（1）和玺彩画柱头彩画做法

1）较高大的柱头

① 在上下箍头之间，上端设盒子及岔角纹，下端设圭线光；

② 在上下箍头之间，上端设大面积的地子，下端设圭线光；

③ 在上下箍头之间，上端设盒子（可多个）及岔角纹，下端设如意云立卧水；

④ 在上下箍头之间，上端设大面积的地子，下端设立卧水或立卧水及海水江牙；

⑤ 在上下箍头之间，直接绘主题纹。

在盒子内、地子内绘主题纹。主题纹与梁枋和玺彩画的风格相一致。龙和玺、龙凤和玺一般绘龙纹，清中期及以前有西番莲纹。龙凤方心西番莲灵芝找头和玺，柱头绘西番莲纹。

2）较短矮的柱头

① 在上下箍头之间设单块盒子；

② 在上下箍头之间的地子内直接绘主题纹。

在盒子内、地子内绘主题纹。主题纹与梁枋和玺彩画的风格相一致。

（2）旋子彩画柱头彩画做法

1）不同时代柱头彩画的纹饰有所不同，但不论清早中晚期，柱头纹饰做法都是与同时期、同幢建筑梁枋彩画的旋花纹协调一致。

2）清早期较矮的柱头纹饰一般画栀花旋花柱头、十字别旋花柱头、栀花柱头等。较高的柱头纹饰一般画圆团形旋花柱头。

3）清中晚期较矮的柱头纹饰一般画栀花柱头。较高的柱头画圆团形旋花柱头。

（3）苏式彩画柱头彩画做法

1）在上下箍头之间地子内绘龙纹、散点折枝梅、夔蝠、软卷草、硬卷草、切活卷草、切活卷草加丁字锦、拉不断切活。

2）在上下箍头之间设双盒子，盒子内绘主题纹。

7. 斗栱彩画与大木彩画的匹配

（1）斗栱彩画的范围

通常把与斗栱最相关的两个构件也归入斗栱彩画范围，因此，斗栱彩画的范围包括：斗栱、挑檐枋及垫栱板。

（2）斗栱彩画的种类、等级及适用

1）种类：浑金斗栱彩画、金琢墨斗栱彩画、烟琢磨斗栱彩画三种。

2）等级及适用

浑金斗栱彩画，等级最高，在斗栱上满贴金箔，不施其他任何颜料色，仅适用于浑金和玺、浑金旋子彩画的斗栱，某些特定部位的斗栱和藻井。

金琢墨斗栱彩画，是清代斗栱彩画的一种高等级做法，以斗栱构件轮廓边框全部贴片金为特点，与各种和玺彩画、墨线大点金以上等级的旋子彩画（含部分墨线大点金）、中等级以上苏画（含中等级苏画）以及其他中高等级彩画相匹配运用。

烟琢磨斗栱彩画，是清代斗栱彩画的一种低等级做法，以斗栱构件轮廓边框全部做成墨色为特点，适用于自墨线大点金等级以下（含部分墨线大点金等级做法）及低等级苏画的斗栱以及其他类别低等级彩画的斗栱。

8. 角梁、梁枋及宝瓶彩画与大木彩画的匹配

（1）角梁

角梁有大式和小式两种做法。

1）大式角梁彩画的五种基本做法：金边框龙纹角梁、金边框西番莲纹角梁、金边框金老角梁、金边框墨老角梁、墨边框墨老角梁。

2）小式角梁彩画的三种基本做法：金边框金老角梁、金边框墨老角梁、墨边框墨老角梁。

（2）梁枋

1）桃尖梁头、丁头栱梁头、霸王拳枋头彩画

① 大木为各种和玺彩画：其边框轮廓做片金，各个造型地内做片金西番莲草。

桃尖梁头正面地内做片金梵字的，仅用在某些藏传佛教建筑的梵纹龙和玺彩画的桃尖梁头。

② 大木为各类高等级彩画：其边框轮廓做片金，金边框以里有的只拉大粉，有的还拉晕色。各个造型地的中央部位做片金老，金老外做黑绦线。

③ 大木为各类相对较高等级彩画：其边框轮廓做片金，金边框以里有的只拉大粉，有的还拉晕色。各个造型地的中央部位做墨老。

④ 大木为和玺彩画以外的其他各类低等级彩画：其边框轮

廓做墨色，墨边框以里拉大粉，各个造型地的中央部位做墨老。

2）云栱梁头、三岔头枋头、穿插枋头彩画

① 大木为各类高等级彩画：其边框轮廓做片金，金边框以里有的只拉大粉，有的还拉晕色。各个造型地的中央部位做片金老，金老外做黑绦线。

② 大木为各类相对较高等级彩画：其边框轮廓做片金，金边框以里有的只拉大粉，有的还拉晕色。各个造型地的中央部位做墨老。

③ 大木为和玺彩画以外的其他各类低等级彩画：其边框轮廓做墨色，墨边框以里拉大粉，各个造型地的中央部位做墨老。

（3）宝瓶彩画

1）大木为中、高等级彩画：宝瓶满贴金，为浑金做法。

2）大木为中、低等级彩画：宝瓶不贴金，为丹地切活做法。

9. 雀替及花板彩画

（1）雀替彩画

1）大木为龙和玺彩画：雀替应为浑金龙做法。

2）大木为各类高等级彩画：雀替为金琢墨攒退卷草做法。

3）大木为各类中等级偏上的彩画：雀替为玉作卷草做法。

4）大木为各类中等级偏下的彩画：雀替为老金边贴金、烟琢墨攒退卷草做法。

5）大木为各类低等级彩画：雀替为烟琢墨攒退或纠粉卷草雀替。

（2）花板彩画

1）大木为各种和玺彩画：花板为浑金花板做法。

2）大木为除浑金花板以外的各种高级彩画：花板为金琢墨攒退花板做法。

3）大木为各类中等级彩画：花板为烟琢墨攒退或玉作做法。

4）大木为金线大点金旋子彩画：花板为纠粉间局部贴金做法。

5）大木为各类低等级彩画：花板为纠粉做法。

（四）天 花 彩 画

1. 所用材料

（1）颜材料：巴黎绿（洋绿）、群青（佛青）、银珠、章丹、石黄、碳黑（黑烟子）、铅白、钛白粉或乳胶漆、氧化铁红（红土子）、二青、二绿、三青、三绿、香色、硝红（粉红）、砂绿。

（2）所用胶结材料：骨胶或乳胶。

（3）其他材料：大白粉或滑石粉、光油、中黄膝、白色无光漆、汽油、牛皮纸、高丽纸、钉子、铁丝等。

2. 类型

天花彩画分殿式与苏式两类，也有软式与硬式之分。软式，即天花彩画画在高丽纸上，再贴在天花板上。硬式，即天花彩画直接画在天花板的地仗上面。

3. 纹饰

殿式天花彩画纹饰固定，一般画龙、凤和较有规则的图案。苏式天花彩画内容丰富，圆鼓子的内容安排较灵活。

4. 做法、等级

天花彩画（图 3-7、图 3-8）按用金部位的不同和退晕层次的变化，其做法、等级分为：

（1）金琢墨岔角云金鼓子心天花彩画

这是一种规格类型的天花，圆鼓子内可做多种内容，如：天花的方圆鼓子线沥粉贴金，岔角云沥粉贴金退晕，均为金琢墨做法。圆鼓子内的纹饰沥粉贴片金则是另一种等级较高的做法。上述天花常配于绘制和玺彩画与金琢墨石碾玉旋子彩画的殿式建筑。其做法有：

1）团龙鼓子心：即在蓝色鼓子心做沥粉贴片金的坐龙。

2）龙凤鼓子心：即在蓝色鼓子心做沥粉贴片金的一升龙与一降凤。

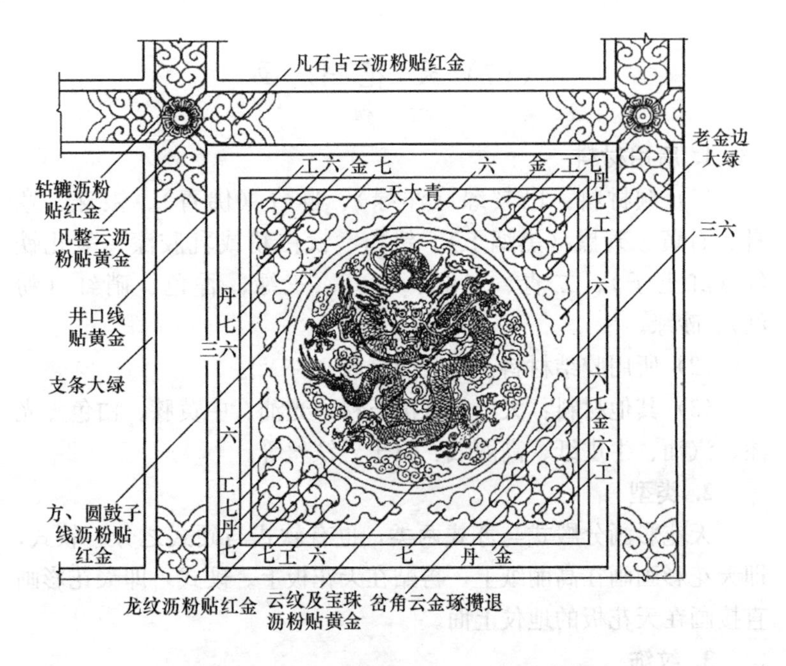

图 3-7　天花彩画图例（1）（蒋广全）

图 3-8　天花彩画实例（2）（蒋广全）

3）双龙鼓子心：即在蓝色鼓子心做沥粉贴片金的一升龙与一降龙。

4）片金西番莲鼓子心：即在蓝色鼓子心做沥粉贴片金的西番莲图案。

（2）烟琢墨岔角云金鼓子心天花彩画

与金琢墨岔角云天花的主要区别：岔角云用墨线替代沥粉金线。

（3）金琢墨岔角云作染鼓子心天花彩画

总体色彩同金琢墨岔角云，同是砂绿大边，二绿色岔角，岔角云由青、三绿、红、黄色组合成金琢墨做法，方圆鼓子均沥粉贴金，其变化在鼓子心和做法，作染鼓子心的内容主要是指花卉等。构图均在圆鼓子内，形式不限。花以及叶子均作染开瓣勾边。

（4）烟琢墨岔角云作染鼓子心天花彩画

其特点是除岔角云为烟琢墨做法外，其余均同金琢墨岔角云作染鼓子心天花彩画。

（5）天花板的支条与燕尾彩画

支条均刷绿色。燕尾由一个红色云与两个半黄色云和轱辘组成。

支条与燕尾的等级由三部分体现：

1）轱辘是否贴金；

2）燕尾是否贴金；

3）井口线是否贴金。

其中，燕尾分别为金琢墨金轱辘燕尾、烟琢墨金轱辘燕尾、烟琢墨色轱辘燕尾。支条井口线是否贴金，取决于天花的方圆鼓子。即如果方圆鼓子线贴金，则支条井口线也贴金。

同时燕尾的轱辘必须贴金。燕尾做金琢墨还是烟琢墨则按天花岔角定。

5. 工艺流程

（1）硬式天花的工艺流程

丈量→配纸→起扎谱子→磨生过水→拍谱子→上墙矾纸（做燕尾）→沥粉→刷色→套色→画作染鼓子心花→包胶→打金胶贴金→拉墨线（烟琢墨做法）→吃小晕→攒退活→打点活。

（2）软式天花的工艺流程

丈量→配纸→起扎谱子→上墙矾纸→拍谱子→沥粉→刷色→套谱子→套色→画作染鼓子心花→包胶→打金胶贴金→拉墨线（烟琢墨做法）→吃小晕→攒退活→打点活→刷支条→做井口线→表糊天花与燕尾→打点活。

6. 技术要点

（1）丈量

用盒尺对要施工的天花板、支条等部件做实际测量，并记录其名称、尺寸等。

（2）配纸

拼接谱子纸，为下一步起谱子做准备。按构件实际尺寸即可，配纸要注明具体构件和具体名称等。

（3）起扎谱子

在相应的配纸上用粉笔等摊画出大致的轮廓线，然后用铅笔等进一步细画出标线，描图并扎孔。

（4）磨生

也称磨生油地。即使用砂纸打磨油作所钻过的并已经充分干透的天花板的油灰地仗表层。磨生的作用，一是磨去即将彩画施工地仗表层的浮尘与生油流痕和生油挂甲等物。二是使地仗表面形成细微的麻面，从而利于彩画颜料与沥粉牢固地附着在地仗表面。

（5）过水

用净水布擦拭磨过生油的施工面，使其彻底擦掉磨痕和浮尘并保持洁净。无论磨生还是过水布，都应该做到无遗漏。

（6）上墙矾纸（硬式天花的做燕尾）

将高丽纸上口（约 10mm）贴于木板或墙上，同时刷胶矾水。在纸未干透时将纸的三面刷胶（约 10mm）封口贴于木板或墙上。

（7）拍谱子

1）谱子对准天花板，用粉包（土布子）对谱子均匀地拍打，将纹饰复制在天花板上。

2）做软式天花拍谱子于以上墙并干透矾纸（包括做燕尾）。用粉包（蓝色土布子）对谱子均匀地拍打，将纹饰复制在纸上。

（8）号色

按规则预先对额枋大木以及斗栱等各部位标示细部的颜色代码，用以指导彩画施工的刷色。

颜色代码：一（米黄）、二（蛋青）、三（香色）、四（硝红）、五（粉紫）、六（绿）、七（青）、八（黄）、九（紫）、十（黑）、工（红）、丹（章丹）、白（白色）、金（金色）。

（9）沥粉

1）沥大粉：按谱子线路，方鼓子线、圆鼓子线均使用粗尖沥双粉，即大粉。双尖大粉宽约1cm，以天花大小而定。双线每条线宽约4～5mm。

2）沥小粉：金琢墨岔角云金鼓子心天花彩画，心里繁密的纹饰均沥小粉。小粉的口径约2～3mm，以纹饰图案而定。

（10）刷色

待沥粉干后先将沥粉轻轻打磨，使沥粉光顺无飞刺。先刷绿色，后刷青色。均按色码涂刷（使用1～2号刷子）。

刷大色的规则：

1）金琢墨岔角云金鼓子心天花：岔角云刷二绿色，大边刷砂绿色，鼓子心刷青色。

2）烟琢墨岔角云金鼓子心天花：同上。

3）金琢墨岔角云作染鼓子心天花：同上。

4）烟琢墨岔角云作染鼓子心天花：同上。

5）燕尾彩画：燕尾由一个红色云与两个半黄色云和轱辘组成。黄色云外侧刷二青色，轱辘心刷青色。

6）支条均刷绿色。

（11）套色

1）在天花的各岔角云套色：用三青、三绿、黄、硝红（粉红）色添岔角云底色，岔角云的青绿色按逆时针的方向添色和攒退，即戗青顺绿。岔角的黄色与硝红色对角调换。

2）套刷各类天花的金琢墨或烟琢墨的攒退龙、寿字、福字、四合云等的底色。

（12）画作染鼓子心

1）花的绘制

① 垛花头：在青色地上将所要画的花用白色垛花头，画花头的大小和数目的多少，以天花的尺寸与鼓子心的面积而定。

② 垫色：在已垛的花头上垫白色的花头上部，垫染所要画花颜色的浅色。花头上部的浅色与下部的白色用水笔润开。例如：画红花垫硝红色，画大红花和黄花垫章丹色，画蓝花垫湖蓝色等。

③ 过矾水：在已垫色的花头上刷已化开并入胶的矾水。

④ 开花瓣：用深色勾花瓣。例如：在硝红色上用银珠开瓣，在大红色上用深红开瓣等。

⑤ 染花：即对花瓣的渲染，在花头上部的深暗处染重色，下部染淡色，使花瓣渲染成鲜艳夺目并具有立体感的效果。

⑥ 点花蕊：在花芯部位点花蕊。

⑦ 画叶子：按传统规则，花的枝干应从下部的位置出枝并与花头衔接。在花头四周及其他部位插三绿色叶，用深绿色渲染。

⑧ 开叶筋：在叶子上画叶筋。

2）仙鹤的绘制

① 在青色地上拍仙鹤的谱子，用白色垫仙鹤与灵芝以及桃子，用三绿色画仙鹤嘴与腿爪以及叶子。然后套拍仙鹤的谱子，用赫色开仙鹤，用章丹色垫，红色染仙鹤头顶部的红色。

② 用淡赭色渲染仙鹤羽毛。用墨色画仙鹤的眼和脖颈以及

翅膀外侧的黑色羽毛。用墨绿色开仙鹤嘴与腿爪。然后画灵芝和桃子。

(13) 包胶

包黄胶可阻止基层对金胶油的吸收，使金胶油更加饱满，从而确保贴金质量。包胶还可标示出打金胶及贴金的准确位置。

包胶的部位包括：

1) 金琢墨岔角云金鼓子心的龙纹或龙凤纹；

2) 金琢墨岔角云金鼓子心的西番莲草等；

3) 天花的方圆鼓子；

4) 金琢墨岔角云的岔角；

5) 各类天花金琢墨的攒退龙、寿字、福字、四合云等的沥粉线；

6) 金琢墨燕尾的沥粉线和轱辘。

打金胶、贴金的基本工艺见油漆作。

(14) 拉墨线

1) 烟琢墨岔角云作染鼓子心天花：用墨线拉方圆鼓子以及岔角云的云线。

2) 烟琢墨岔角云金鼓子心天花：用墨线拉岔角云的云线。

3) 烟琢墨燕尾：用墨线拉燕尾的云线以及开轱辘。

(15) 吃小晕

即行粉。在贴金后进行，靠沥粉贴金线里侧于小色之上，即三青、三绿、黄、硝红。用大描笔等蘸白色粉吃小晕。既齐金又增加了色彩的层次。

吃小晕的部位：岔角云，各类天花的金琢墨或烟琢墨的攒退龙、寿字、福字、四合云等以及燕尾。

(16) 攒退活

主要是做岔角云以及各类天花的金琢墨或烟琢墨的攒退龙、寿字、福字、四合云以及燕尾等。

1) 岔角云攒退：用青、砂绿、章丹、银珠认色攒色。岔角云的青绿色按逆时针的方向添色攒退，即戗青顺绿。岔角的黄、硝红色对角调换并攒退。

2）各类天花金琢墨或烟琢墨的攒退龙、寿字、福字、四合云等均认色攒退。

3）燕尾攒退：用青、章丹、银珠认色攒色。

（17）打点活

检查，修理，修正错活、漏活，处理污染，使全面达到验收标准。

（18）刷支条

支条均刷绿色。

（19）做井口线

按规则做金琢墨天花支条均在井口线包胶贴金。打金胶、贴金的基本工艺参见油漆作。按规则做烟琢墨天花支条均在井口线拉黄色线。

（20）裱糊软天花与燕尾

将软天花与燕尾按井口与支条的尺寸裁剪。在软天花与燕尾的背面涂刷胶液，将软天花与燕尾对准井口与支条粘贴、压平。无论软天花的粘贴，还是硬天花的安装，都应注意天花的方向是否正确。

（21）打点活

同上打点活。

7. 质量标准

（1）主控项目

1）彩画图样以及绘制的龙纹和选用各种材料的品种、规格，必须符合设计要求。

2）沥粉线条不得出现崩裂、掉条、卷翘等现象。

3）颜色严禁出现漏刷、透地、掉色、翘皮等现象。

4）软天花与燕尾的表糊不应有皱纹、翘皮等现象。

（2）一般项目

1）饰面洁净，色泽饱满，色度协调一致。

2）安装硬天花与裱糊软天花，不能出现天花歪斜等现象。

8. 成品保护

（1）天花彩画的绘制应针对季节气候的变化，建立防雨、防风、防冻等相应的具体防范措施。

（2）彩画竣工拆除脚手架应注意不得碰撞天花板与天花支条等部位。

（3）天花板与软天花以及燕尾制作完成后，如需搬运与运输等，应将天花与燕尾打好包装。

9. 注意事项

（1）无论在任何地仗上进行彩画，必须待油作地仗充分干透后方可进行施工。

（2）彩画施工天气温度不能低于5℃，以避免颜料中的粘接胶因温度低造成凝胶现象，从而影响彩画操作的质量。

（3）彩画颜料中的巴黎绿、章丹、石黄、银珠等都含有对人体有害物质，所以施工中的储存、颜料的配制和现场的操作过程中，都要根据实际条件，采取切实可行的防范措施。

（4）用胶

1）彩画的胶传统多为骨胶，骨胶以及骨胶所调制的颜料在夏季炎热的气温下会发霉变质。故在运用时应按所需分阶段调用，不可一次调制过量。如有用不完的颜色需出胶，出胶的方法是将颜色用开水沏，使颜色沉淀后将胶液澄出，使用时再重新入胶。

2）用乳胶液调制的颜料如有用不完的颜色时，需将颜色掺水，防止因长时间不使用使其干透。颜料再使用时将水澄出重新入胶。

3）各种颜料入胶量按其层次的不同入胶量也不同，一般大色即底色入胶量大，上层色入胶量小，否则颜料易产生崩裂和翘皮等现象。

（五）斗 栱 彩 画

1. 特点

宋《营造法式》斗栱彩画有绘制图案的做法，如五彩遍装、解绿结花彩画，到了明清官式做法，斗栱彩画不同于其他构件的彩画，除了垫栱板，没有了图案，主要是由边线和内部涂色等色彩构成。从工艺上说有沥粉、包胶、贴金、刷色、拉晕色、拉粉、压黑老等（图3-9、图3-10）。

图3-9　清平身科斗栱彩画图例

图3-10　清角科斗栱彩画

2. 清官式斗栱彩画的做法

(1) 金琢墨石碾玉、金龙和玺、龙凤和玺等彩画，斗栱边多采用沥粉贴金，内刷青、绿拉晕色。

(2) 金线大点金旋子彩画、龙草和玺等彩画，斗栱边不沥粉，为平金边。

(3) 雅伍墨、雄黄玉等彩画，斗栱边不沥粉不贴金，抹黑边，内刷青、绿拉白粉。

3. 设色规矩（刷色规律）

（1）斗栱刷色，以角科、柱头科“青升斗、绿翘绿昂”为准，再向里推，相邻一攒为“绿升斗、青翘青昂”，以此类推，每一攒青绿调换。每一间，斗栱攒数为双数的，中间两攒刷色同相（图 3-11）。

（2）压斗枋底面一律刷绿色。

（3）刷色、沥粉、包胶、拉粉等，均需由斗栱里向外依次操作，以防蹭掉。

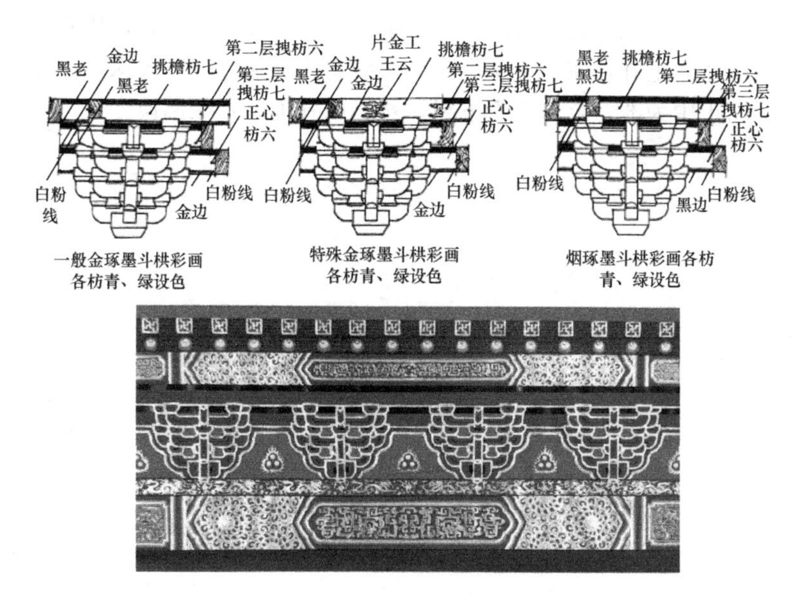

图 3-11 斗栱彩画设色（蒋广全）

4. 操作程序

（1）需沥粉贴金的，号色后沥二路大粉，然后按号刷色，在沥粉处包黄胶，润色，拉三青三绿晕色，靠金边拉粉，压黑老（在昂两侧面），再剪子股（按昂直斜线拉黑线切角）。

（2）平金边斗栱不沥粉，按号刷青刷绿，在斗栱边贴金处包黄胶，打金胶，贴金，再拉斗口粉，压黑老。

（3）无金活（即黑线）斗栱，按号刷青刷绿，再用黑烟子码里边，随黑边拉粉，压老。

5. 斗栱板做法

（1）斗栱板（又名垫栱板、灶火门）轮廓根据斗栱，金线者沥粉，金线外绿边。斗栱有晕色者拉三绿晕色，然后拉粉。

（2）斗栱板内部，除金线采用龙凤外，其余均用三宝珠金火焰。黑线为红油地。龙凤、三宝珠有金活者，先打谱子沥粉，垫光油，打金胶，贴金后，再点白黑龙眼。三宝珠垫光油后，用土粉子炝好，碾三退晕青绿宝珠，上下调换。如不贴金者，垫光红油，然后炝好，碾三退晕宝珠。黑线者为红油地。三宝珠画法以明间正中为准，宝珠上青下绿，然后向外推，青绿调换。

四、彩画施工基础知识

（一）彩画施工基本特点

（1）在建筑脚手架上作业，与在室内伏案作画不同。

（2）大多内容起谱子，按谱子绘制。

（3）彩画作业各道工序可以组织流水作业。

（4）贴金为油作施工内容。

（二）彩画作业条件

（1）构件的地仗应已干透。

（2）连檐、椽望、斗栱的盖斗板，烟荷包的油漆应已刷完并干透（在彩画施工前此项工序应提前进行）。

（3）调制各种所需的颜色及沥粉，并做好色标板。

（4）脚手架的高度应按高个子的彩画工进行搭设，搭设稳固。脚手架上的尘土应清扫干净。

（5）贴金时，有风的天气应搭设金帐子。

（6）应设置彩画施工的拌料房、施工人员的工作室和休息室。为方便施工，拌料房不能离施工现场过远。

（三）材 料 配 制

1. 骨胶或皮胶液的配制

彩画颜料所用的骨胶或皮胶使用前需加入，然后按一定比例兑入颜料调和。熬胶的方法：将筛选的骨胶或皮胶放入容器中，加入清水放置火上熬制。边熬制边搅拌，直至将胶熬化为稀稠状。

2. 乳胶的配制

将乳胶兑入同量的清水，均匀搅拌后即可使用。彩画颜料中的章丹、碳黑二者易与乳胶起化学反应，因此上述二者应配兑骨胶或皮胶液。

3. 大色的配制

（1）洋绿：将洋绿放入容器加入适量的骨胶或皮胶液，或者加入适量的乳胶液由少至多逐渐搅拌成稠糊状，之后再加入适量的胶液和适量的水稀释，即可备用。

（2）群青：配制方法同洋绿。

（3）章丹：将章丹放入容器加入热开水沏至2～3遍，使其去硝。将水澄出后加入适量的骨胶或皮胶液，由少至多逐渐搅拌成稠糊状，之后再加入适量的胶液和适量的水稀释，即可备用。

（4）中国铅粉：将铅粉碾碎，过筛再加入骨胶或皮胶液调和。配制中国铅粉有多种方法，其目的是使胶与颜料更好地结合。

1）将中国铅粉与少量的骨胶或皮胶液揉合均匀，搓成条或团状放入清水中浸泡。在浸泡过程中胶液与颜料会进一步地结合。使用时浮去部分清水，将颜料捣碎搅拌均匀。

2）将铅粉块用热开水沏，静置数小时或数天，使用时浮去清水，加入骨胶或皮胶液调和即可。

（5）黑烟子：黑烟子体质轻，不易与胶液结合，调制较困难。在入胶时应逐渐加胶，由少至多，一边搅拌一边加胶成稠糊状，再入胶调制即可。

（6）银朱：配制方法同黑烟子。

（7）氧化铁红：配制方法同洋绿。

（8）黄色：配制方法同洋绿。

（9）香色：香色有深浅之分，用石黄兑入氧化铁红即可。

（10）石山青：即偏绿色的蓝色，用白色兑入绿色与蓝色即可。

4. 晕色与小色的配制

晕色是用配制好的大色兑入白色配制而成。晕色包括三青色、三绿色、硝红色、粉紫色、浅香色等。

（1）三青色：用配制好的群青兑入白色配制而成。三青色不宜过深，否则与二青色无差别，彩画的色泽也不明快。

（2）三绿色：用配制好的洋绿兑入白色配制而成。三绿色不宜过深，否则与二绿色无差别，彩画的色泽也不明快。

（3）硝红色：即粉红色，用银珠加白色配制而成，色泽不宜过重。

（4）粉紫色：有两种配制方法，一种用白色加氧化铁红，一种用白色加银珠加蓝色。彩画中的二色也是晕色，但运用中不称晕色，而称二色。二色比晕色深。常用的二色为二青色、二绿色。

（5）彩画中的绘画部分还采用成品颜料，如赭石、腾黄、酞青蓝、朱砂、朱膘、烟脂等。

5. 沥粉材料的配制

沥粉是使彩画构图的各种线以及图纹凸起的一种工艺。其工艺的沥粉材料用大白粉或滑石粉、骨胶或乳胶漆及少量的光油制成。

（1）用骨胶或皮胶液配制：将过筛的大白粉或滑石粉放入容器，加入事先调制好的骨胶或皮胶液，均匀搅拌成稠糊状。过筛至另一容器，加入5%左右的光油。盖塑料布掺水备用。

（2）用乳胶漆配制：将过筛的大白粉或滑石粉放入容器，加入乳胶漆，均匀搅拌成稠糊状。过筛至另一容器，加入5%左右的光油。盖塑料布掺水备用。在使用沥粉时，可根据沥大粉或沥小粉，再加入胶水搅拌均匀后使用。

6. 胶矾水的配制

矾水在彩画中运用广泛。如在绘画中的罩矾水，做软天花的矾纸等。

胶矾水的配制：用熬制好的骨胶与溶化的矾水搅拌调和。固体骨胶与固体矾水重量比为1∶2。

（四）彩画施工基本程序

（1）读图、图纸会审；

（2）施工勘察（编制施工方案前进行，并编制勘察资料）；

（3）编制彩画分部工程施工方案（独立的彩画工程应编制单位工程施工组织设计）；

（4）编制施工脚手架专项方案；

（5）施工准备（人、机、料等，场内场外）；

（6）制作色标，制作彩画小样；

（7）施工脚手架搭设、验收；

（8）建筑构件尺寸测量，老彩画拓描制作样片；

（9）起谱子，扎谱子；

（10）彩画基层施工前技术处理；

（11）拍谱子；

（12）进入绘制工艺。

以上主要工作步骤有些可以同时进行。

（五）彩画施工文物保护要求与措施

进行文物建筑彩画见新、修复或除尘时，应注意以下几点：

（1）施工前，对建筑彩画、油漆面以及会被污染的部位应做好保护，避免磕碰、污染；

（2）对室内佛像神像及文物陈设等应采取遮盖、防护等保护措施，防止污染、损坏；

（3）进行彩画除尘时，应编制除尘施工方法，进行细致的技术交底，防止损坏原彩画；

（4）遗存彩画缺失需要进行补绘的，注意补绘范围与施工防护，不得损坏、污染原彩画；

（5）过色见新，应先“描出样板”，掌握纹饰、颜色及操作手法，保证不改变文物原状；

（6）彩画开裂、空鼓、翘皮，进行回贴时，应制定技术方案，做出样板，再进行大面积施工；

（7）雨期施工应防止雨水对文物彩画的影响，室内有彩画的，挑顶工程必须搭设防护棚。

（六）彩画施工组织的基本方式

传统的成熟的方法不能丢，现代的科学的方法也应积极探索、应用，以提高生产效率。

1. 流水施工

彩画施工作业方式既有基本规律又很灵活，“基本规律”即有基本程序。“灵活”即根据施工条件和人力多少进行灵活组织、穿插进行。

现代施工常讲的“流水施工”，在古建筑彩画工程施工中已经有所应用，但其潜力还没有充分发挥出来。彩画施工具备组织流水施工的条件，无论彩画等级高低，都是通过多道基本工序完成的，如金龙和玺彩画的基本施工程序：磨生过水→分中→拍谱子→摊找活→号色→沥粉→刷色→套色→包胶→ 打金胶贴金→拉晕色→拉大粉→攒退活→切活→拉黑绦→压黑老→做雀替→打点活。完成丈量、配纸、起谱子、扎谱子前期准备之后，从磨生过水开始，根据实际确定关键工序（一道或几道工序的组合），组织流水施工。

组织流水施工，能使资源投入均衡，进度持续而有保证，进度稳定，避免了施工质量因抢工或组织无序而受到影响。但组织流水施工需要组织合理的人力并满足施工的必要条件（工具、谱子等要够用），即资源与工作面的合理配置。

流水施工首先要选择合理的施工方案，合理划分流水段：一个单体建筑内外檐、构件与构件之间可以组织流水施工。二层以上的建筑可以组织竖向层与层之间流水施工。长廊线型建筑体可以分段组织流水施工。

2. 独立绘画

有些彩画内容具有绘画的特点，适合独立绘画。苏式彩画的白活，需要画师应用绘画技法绘制，或独立完成其中的一部分，即一个包袱的“白活”或线法、花鸟、山水等的一部分内容。同样，聚锦、博古、异兽等需安排擅长的画师完成。这些内容，在有工作面的条件下，可安排若干人绘制，以加快进度。作为一个独立部分也可视为流水施工中的一部分。切活及不用起谱子的一些内容，都属于此类。

3. 流水施工与独立绘画结合

建筑彩画施工，往往都采取流水施工与独立绘画相结合的作业方式，根据实际内容灵活安排，充分利用资源、合理组织，使施工活动取得较高的效率。

（七）彩画施工与油漆作的配合

彩画与油漆作在施工工艺上是最有关联的两个工种，需要相互协作、配合，否则，既影响工期，又影响工程质量。油画工艺上的搭接、穿插比较多，存在技术上的前后顺序关系（或为避免污染选择的顺序关系），也有需根据具体情况灵活掌握的情况。如：彩画一般是做在地仗上，所以，必须是地仗完成且干透，才能做彩画。但有些作业配合时，油画谁先谁后可以根据现场施工条件进行调整，不是绝对的。彩画与油漆作需要协调、配合的作业内容，从总体上可分为“画内”和“画外”两个方面。

画内，指彩画范围内的彩画作业与油饰作业的协调关系，如贴金与彩画的关系。彩画中的打金胶贴金，归属油漆作。彩画范围内的油活主要有：斗栱部分（盖斗板、烂眼边、荷包、灶火门）、垫板、花活、椽头以及彩画部分罩油。

画外，指彩画部位之外的油饰作业与彩画作业的协调关系。非彩画部位油活主要有：下架大木（柱子、槛框、踏板）、隔扇、帘架、菱花屉、山花、博缝、围脊板、椽望、连檐、瓦口、雀台、挂檐板以及匾额、面叶、罗汉墙、寻杖栏杆等。

1. 画内部分——彩画与油漆协作配合

这一部分，可再细分为彩画工序内和工序外两种情况。工序内，如“打金胶贴金”本身就是彩画施工的工序：沥粉→刷色→套色→包胶→打金胶贴金→拉晕色→拉大粉。这一部分在同一个作业面上，在同一个构件彩画的施工流程中，准备不好就必然耽误进度，所以，应当配合好，应做到油漆彩画分工种、不分家。工序外，主要是指工序间没有前后顺序制约关系，只要技术上可行，无安全隐患，有工作面，互不影响作业就可以进行的内容，如盖斗板、垫板、灶火门等。具体应根据工程实际情况编制施工方案。

2. 画外部分——彩画与油漆协作配合

这一部分，可再细分为与彩画近和远两种情况。近，指在彩画区域，如椽望、连檐、瓦口等。远，指非彩画区域，如下架大木、隔扇、山花、博缝、围脊板、挂檐板等。近的，要组织好工序前后衔接，按顺序施工。远的，要在施工方案上明确不同部位各分项工程的施工顺序，或同时或分先后。只要技术上可行，无安全隐患，有工作面，互不影响作业就可以进行，具体应根据工程实际情况（工程特点、季节气候、现场施工条件、进度要求、人力状况等因素）制定施工方案。

3. 上下架油漆彩画两工种配合的顺序

油漆作地仗、钻生及油画前处理完成连檐、瓦口、椽子、望板刮腻子、头道油（垫光油），上架彩画可以插入施工，彩画时候，油漆作翻做下架及椽子第二道油、交活油和刷绿椽肚。当彩画做到刷色合拢后，油漆作及时插上，在彩画图案的贴金部位打金胶、贴金。

垫栱板（灶火门）、垫板等油漆作范围，与彩画作应做好穿插作业，合理配合。

4. 局部彩画与油漆作的协作配合关系

（1）垫栱板（灶火门）彩画（以三宝珠火焰做法为例）（图4-1）

油工做地仗、钻生→画工做磨生过水→拍谱子→沥粉（沥大边的双尖大粉，然后沥三宝珠与火焰小粉）→油工做灶火门大边双线内垫章丹油、刷朱红油→画工进行灶火门大边双线外刷大绿，内部三宝珠、火焰等彩画→油工贴金。

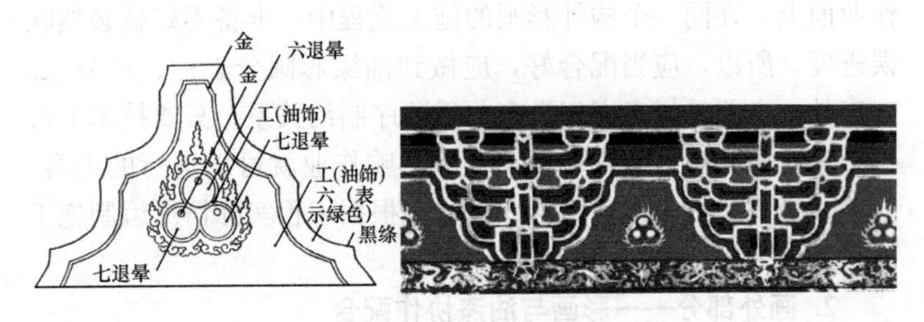

图 4-1 垫栱板彩画

（2）垫板彩画（图 4-2）

油工做地仗、钻生→画工做磨生过水→拍谱子→沥粉→油工做通体垫章丹油、刷朱红油→画工在油皮上做细部彩画→包黄胶→油工打金胶、贴金→扣罩油。

图 4-2 垫板彩画

（3）雀替彩画（图 4-3）

油工做地仗、钻生→画工做磨生过水→彩画各道工序→油工扣红油地（垫章丹油、刷朱红油）。

图 4-3　雀替彩画

（4）斗栱彩画（图 4-4）

油工做地仗、钻生→画工做磨生过水→油工掏栱眼章丹油、朱红油→画工做彩画各道工序。

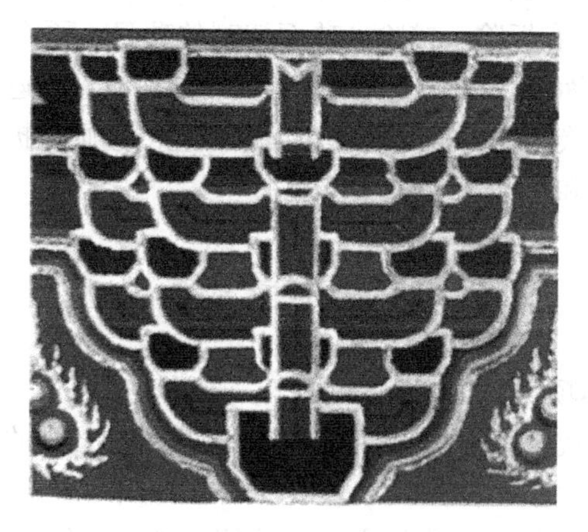

图 4-4　斗栱彩画

（八）彩画施工防护及成品保护

（1）彩画施工应针对季节气候的变化，建立防雨、防风、防冻等具体相应的防范措施。

1）雨期施工，应在作业面周围设置围挡或搭设防雨棚，遮挡风雨。

2）有风天气施工，特别是贴金施工应设置风帐子。

3）冬期施工应保证施工环境的温度和通风。应搭设保温棚，配备满足要求的热源，同时满足防火要求。

（2）彩画完工，拆除脚手架应注意防止碰撞额枋、檐头、角梁、斗栱等部位。室内应注意不要磕碰佛像神像及陈设。

（3）合理安排施工顺序，彩画应安排在土建维修或装修之后进行，先进行拆除、铲除作业和土建施工，避免尘土污染彩画。

（4）对于原有的彩画，尤其是文物，施工前要采取有效的保护措施。

1）对于需要挑顶的有历史遗存的彩画修缮工程，应搭设防雨棚施工，保证彩画不被损坏。

2）对于有拆除、铲除、砖石切割的项目，原有彩画要做好遮护。如屋面揭瓦、墙皮铲除，相关彩画均应进行遮护。

（5）拆换构件、拆安构件应编制相应的彩画保护方案，保证其不被损坏和污染。

（九）彩画质量基本要求

1. 主控项目

能够造成根本性、实质性问题，严重影响彩画的质量效果的项目应列入主控项目。

（1）彩画种类的选择应与建筑等级地位、使用功能相适应（尤其仿古建筑需注意）；

（2）应正确采用彩画构图形式、纹饰图案，各部位纹饰与彩画等级应相匹配；

（3）所用颜料的颜色、质量应符合要求（文物符合原做法用材，其他应符合设计）；

（4）纹饰不能有缺陷，不能有设色刷色错误、工艺遗漏情况；

（5）绘制质量应达到验评标准，沥粉粉条不能出现崩裂、掉条、卷翘等现象；

（6）颜色涂刷不能出现有颗粒、透地、掉色落粉、开裂爆皮等现象；

（7）贴金不能有遗漏、绽口、脱落情况；

（8）切活纹饰与地的配置应用不能用错。

2. 一般项目

属于主控项目关注的问题之外的项目，实际上是能够“锦上添花”的项目。

（1）颜色洁净，色泽饱满，色度协调一致；

（2）直线条应直顺，曲线条应流畅；

（3）画面应干净、无污染；

（4）细部做法应符合彩画质量评定标准要求。如：

1）纹饰风路大小适当；

2）沥粉粉线宽度适当，直线平直，曲线流畅，粉条光滑，饱满无瘪粉，无明显接头；

3）刷色应边角整齐、均匀饱满，无明显刷痕、无流坠；

4）贴金齐整、光亮，两色金使用正确；

5）晕色宽度适当，色阶适度；

6）拉大粉、拉大黑、拉黑绦线条应宽度适当一致、直顺、饱满、不虚花、无流坠；

7）吃小晕、拘黑应线型准确，粗细均匀，基本一致；

8）切活纹饰图案端正、完整，线型自然、清晰、准确；

9）阴阳倒切做法，切黑方向正确、整齐；

10）画线法应符合透视画法要求；

11）画龙凤、画人物、画花鸟等应造型准确、生动、传神；

12）画面干净、无污染。

（十）彩画施工注意事项

（1）为保证彩画质量，不应在地仗未干透的情况下进行施工。

(2) 彩画施工天气温度不应低于5℃，避免颜料中的胶因温度低造成“凝胶”现象。

(3) 巴黎绿、章丹、石黄、银珠等含有对人体有害物质，在颜料储存、配制和操作中，应采取防范措施。

(4) 关于彩画用胶应注意以下事项：

1) 骨胶和用骨胶调制的颜料在夏季炎热的气温下会发霉变质，使用时应按所需用量分阶段调用，不可一次调制过量。用不完的颜料需出胶。出胶的方法：用开水沏泡颜料，使颜料沉淀后将胶液澄出，使用时再重新入胶。

2) 用乳胶液调制的颜料，用不完的颜料，需将颜料掺水，防止因长时间不使用使其干透，无法使用。颜料再使用时将水澄出重新入胶。

3) 各种颜料入胶量不同，一般大色，即底色入胶量大，上层用色入胶量小，否则颜料易产生崩裂、翘皮等现象。

五、各类彩画的等级划分和施工方法

（一）和 玺 彩 画

1. 等级划分

（1）清代官式建筑和玺彩画大体可分为六种做法，品级从高到低排序如下：

1）金龙和玺；

2）龙凤和玺；

3）龙凤方心西番莲灵芝找头和玺；

4）龙草和玺；

5）凤和玺；

6）梵纹龙和玺。

（2）等级体现在建筑地位等级、彩画的纹饰和用料做法上。

1）龙和玺：也叫金龙和玺。方心、找头、盒子及平板枋、垫板、柱头等构件全部绘龙纹（图 5-1）。“龙”象征“真龙天子”，从现存建筑彩画实例可以看出，龙和玺是为皇帝所用建筑设计，只有皇帝登基、理政、居住的殿宇及重要坛庙建筑使用了这种最高等级的彩画。故宫中轴线上的太和殿、中和殿、保和殿均为龙和玺彩画。

2）龙凤和玺：以龙纹、凤纹相匹配组合的一种和玺（图 5-2）。

装饰在皇帝与皇后皇妃们居住的寝宫建筑上，表示龙凤呈祥之意。

3）龙凤方心西番莲灵芝找头和玺：这种彩画除了龙凤纹还加入了西番莲和灵芝，即方心和盒子绘以龙纹、凤纹，找头内绘西番莲纹和灵芝纹（图 5-3）。

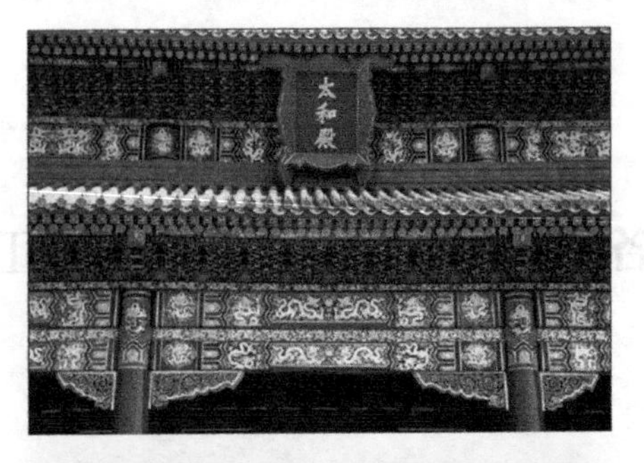

图 5-1　故宫太和殿金龙和玺彩画

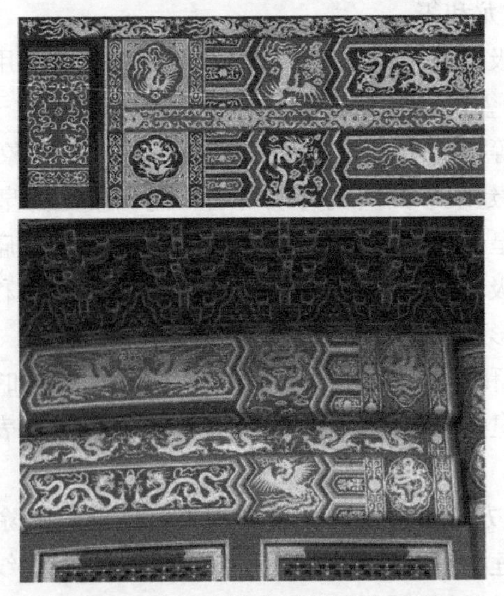

图 5-2　天坛祈年殿龙凤和玺彩画

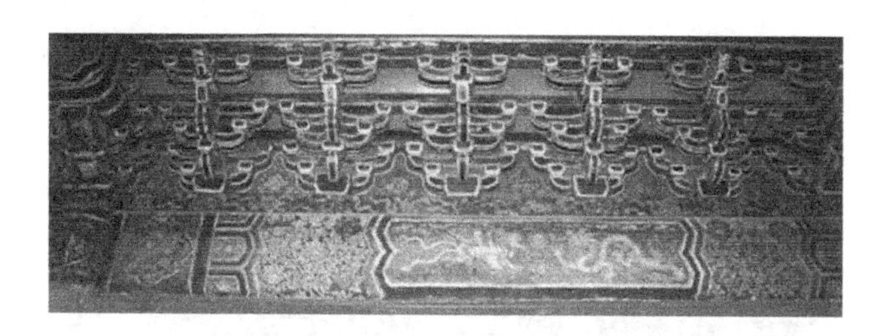

图 5-3　龙凤方心西番莲灵芝找头和玺彩画

用于装饰帝后寝宫及重要祭祀建筑。

4）龙草和玺：梁枋大木的方心、找头、盒子及平板枋、垫板等构件采用龙纹与吉祥草纹互换排列的方式组合的一种和玺（图 5-4）。

画龙草相间图案的为龙草和玺彩画，用于皇帝敕建的寺庙中轴建筑上。

图 5-4　龙草和玺彩画

5）凤和玺：大木梁枋的方心、找头、盒子及平板枋、垫板、柱头等构件全部绘以凤纹（图 5-5）。

绘金凤凰图案的可称为金凤和玺彩画，一般多用在与皇家有关的建筑，如地坛、月坛等建筑上。

6）梵纹龙和玺：梵纹龙和玺彩画用于装饰藏传佛教寺院的主要建筑（图 5-6）。

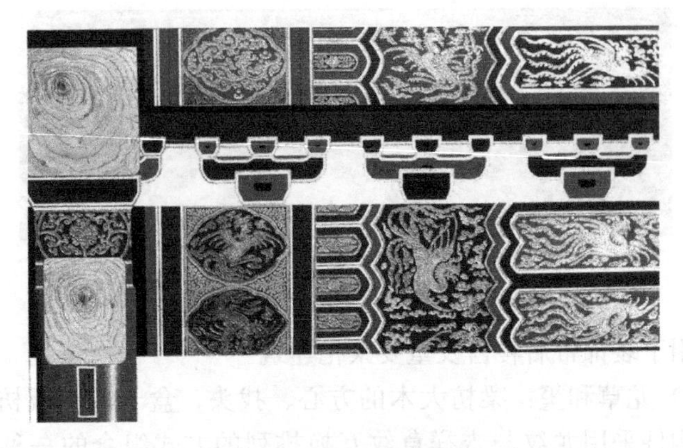

图 5-5　凤和玺彩画

和玺彩画在佛教建筑上，绘以梵文、宝塔和莲座等纹饰。

图 5-6　梵纹龙和玺彩画

2. 基本施工工艺

（1）金龙和玺彩画工艺流程

丈量→配纸→起扎谱子→磨生过水→分中→拍谱子→摊找活→号色→沥粉→刷色→套色→包胶→打金胶贴金→拉晕色→拉大粉→吃小晕→攒退活→切活→拉黑绦→压黑老→做雀替→打点活。

（2）龙凤和玺彩画工艺流程

丈量→配纸→起扎谱子→磨生过水→分中→拍谱子→摊找活→号色→沥粉→刷色→包胶→打金胶贴金→拉晕色→拉大粉→攒退活→切活→拉黑绦→压黑老→做雀替→打点活。

（3）龙凤方心西番莲灵芝找头和玺彩画工艺流程

丈量→配纸→起谱子→扎谱子一磨生过水→分中→拍谱子→摊找活→号色→沥粉→刷色→套色→包胶→打金胶贴金→拉晕色→拉大粉→吃小晕→攒退活→切活→拉黑绦→压黑老→做雀替→打点活。

（4）龙草和玺彩画工艺流程

丈量→配纸→起谱子→扎谱子一磨生过水→分中→拍谱子→摊找活→号色→沥粉→刷色→套色→包胶→打金胶贴金→拉晕色→拉大粉→吃小晕→攒退活→切活→拉黑绦→压黑老→做雀替→打点活。

（5）凤和玺彩画工艺流程

丈量→配纸→起谱子→扎谱子一磨生过水→分中→拍谱子→摊找活→号色→沥粉→刷色→包胶→打金胶贴金→拉晕色→拉大粉→攒退活→切活→拉黑绦→压黑老→做雀替→打点活。

（6）梵纹龙和玺彩画工艺流程

丈量→配纸→起扎谱子→磨生过水→分中→拍谱子→摊找活→号色→沥粉→刷色→包胶→打金胶贴金→拉晕色→拉大粉→吃小晕→攒退活→切活→拉黑绦→压黑老→做雀替→打点活。

3. 操作技术要点

以金龙和玺彩画为例：

（1）丈量：用盒尺量取椽、檩、垫、枋、柱头、垫板枋等部件的尺寸，做好记录。应记好建筑、部位、构件名称和尺寸及需要备注说明的内容。

（2）配纸：即拼接谱子纸，为起谱子做准备。按丈量记录的构件实际尺寸，取开间构件的二分之一长度即可。在起好大线后，按大线实际尺寸配方心、找头、盒子、线光子的谱子纸。配纸要注明建筑、部位、构件、具体谱子名称等。

（3）起谱子：在配纸上用粉笔等摊画出图案的大致轮廓线，再用铅笔等画出标准线描图。起谱子的具体操作工艺详见前述章节。

（4）扎谱子：将定好的谱子按线用谱子针扎孔，大线孔距3mm左右，细部图纹孔距1mm左右。

（5）磨生过水：磨生也称磨生油地，用砂纸打磨油作所钻过的油灰地仗表层。磨生的目的是磨去地仗表层的浮尘、生油流痕和挂甲等物，使地仗表面形成细微的麻面，利于彩画颜料、沥粉牢固地附着在地仗表面。过水，即用净水布擦拭磨过灰油的施工面，彻底擦掉浮尘和磨痕，使表面洁净。无论磨生还是过水布，均应做到无遗漏。

（6）分中：在构件上标出中分线。中分线是拍谱子时摆放谱子的依据，用以确保图案的左右对称。确定横向构件中点的方法：在横向大木构件的上端和下端分别丈量确定中点并连线，此线即为该构件长向的中分线。同开间同一立面各个构件的分中，均以该间大额枋的分中线为准，向其上下方各个构件做垂直线，即为该间立面横向各构件统一的分中线。

（7）拍谱子：谱子的中线对准构件上的中分线，手持粉包沿针孔线路均匀地拍打，力度适当，粉子通过针孔将纹饰复制在构件上。大线拍后可套拍方心的龙谱子、压斗枋的流云或工王云，坐斗枋的龙纹，灶火门的龙纹或三宝珠，以及找头、檩头、柱头、椽头等部位的谱子。

（8）摊找活：

1）校正不端正、不清晰的纹饰，补画遗漏的图案。

2）在构件上直接画出不起谱子的图案纹饰，如桃尖梁、三岔头、霸王拳、宝瓶等构件、特殊部位不起谱子直接画。

3）摊找活时纹饰有谱子的部分应与谱子的纹饰相一致，无谱子的部位也应按纹饰要求勾画并应做到相同的图案对称一致。摊找活应做到线路平直，清晰准确。

（9）号色：即按规定的颜色代码对构件各部位做出标注提示，用以指导刷色，避免刷错。颜色代码：一（米黄）、二（蛋青）、三（香色）、四（硝红）、五（粉紫）、六（绿）、七（青）、八（黄）、九（紫）、十（黑）、工（红）、丹（章丹）、白（白色）、金（金色）。

（10）沥粉：操作工艺详见沥粉章节。

（11）刷色：待沥粉干后，先将沥粉轻轻打磨，使沥粉光顺，无飞刺，按色码进行刷色（使用1.5～2号刷子），先刷绿色，后刷青色。

（12）套色：在垫色油漆上刷色。

1）由额垫板先垫粉色油漆，待干后刷银朱漆（此工序见油漆作）。待银朱漆干透后套阴阳草的三青、三绿、硝红、黄等色。

2）在方心、盒子内的云，如做攒退云，则套三青、三绿、香、粉紫等色。

3）雀替卷草、灵芝，套三青、三绿、香、粉紫等色。

（13）包胶：即包黄胶。包胶的部位为贴金的部位。包胶可阻止基层对金胶油的吸收，使金胶油更加饱满，从而确保贴金质量。包胶还标示出打金胶、贴金的准确位置，包胶要使用3～10号油画笔。

包胶的部位包括：

1）方心的方心线和龙纹；

2）岔口线、皮条线、箍头线、盒子的线与盒子里的龙纹和西番莲草，圭线光与菊花、灵芝等；

3）找头部位的轱辘和卷草；

4）椽头的龙眼；

5）老角梁、子角梁的金边和金老；

6）角梁肚弦的金线与金边；

7）金宝瓶和霸王拳的金边和金老；

8）穿插枋头的金边与金老；

9）压斗枋的金边与工王云或流云；

10）灶火门的金线和三宝珠；

11）坐斗枋的龙纹；

12）柱头的箍头线，海水云气纹饰与龙纹；

13）由额垫板的阴阳草，雀替的卷草与大边和金老等。

（14）打金胶、贴金：操作工艺见油漆作。

（15）拉晕色：用10～11号油画笔在主要大线一侧或两侧，按所在的底色，即绿色或青色，用三绿色或三青色画拉晕色带。其中皮条线两侧一青一绿，岔口线一条，方心线一条。

箍头如果是素箍头，则靠金线各拉一条晕色带。副箍头靠金线一侧拉另一种颜色的晕色带。桃尖梁、老角梁、霸王拳等均在边线一侧拉三绿色的晕色带。另外，按规则和玺彩画也有不加晕色直接拉大粉的工艺做法，具体做法按设计要求而定。

（16）拉大粉：在各晕色上，靠金线一侧或两侧用裁口的3～4号油画笔，拉（画）白色线条。无晕色和玺彩画则直接拉（画）白色线条。大粉宽度一般不超过金线宽度。

拉大粉的部位包括：方心线、岔口线、皮条线两侧、箍头线、桃尖梁、老角梁、霸王拳等。

（17）吃小晕：即行粉，在贴金后进行。靠沥粉贴金线里侧于小色之上，即三青、三绿、黄、硝红。用大描笔等蘸白色粉吃小晕。既齐金又增加了色彩的层次。吃小晕的同时点龙的眼白。

吃小晕的部位包括：找头的卷草、盒子的岔角云，方心、盒子、柱头的云，垫板阴阳草的攒退。

（18）攒退活：主要是做盒子岔角云、老檐椽头、垫栱板（灶火门）的三宝珠、由额垫板的龙纹及轱辘阴阳草等攒退等处。

（19）切活：按设计要求，如盒子岔角做切活，则青箍头配二绿色，岔角切水牙图纹。绿箍头配二青色，岔角切草形图纹（使用 2 号并裁口的油画笔用墨拉直线，用大描笔切草和水牙）。

（20）拉黑绦：彩画中的黑色绦主要是起齐金、齐色、增强色彩层次的作用。使用 2 号并裁口的油画笔用墨拉直线。

拉黑绦的部位：

1）在两个相连接构件的秧角处，如檩与压斗枋、额枋与由额垫板等相交处拉黑色绦。

2）角梁、霸王拳、穿插枋头、桃尖梁等构件及雀替，均在彩画的金老外侧拉黑色绦。

3）青绿相间退晕老檐椽头的金龙眼，则在金眼外侧圈画黑色绦。

4）做素箍头则在箍头晕色带之间的中线位置拉黑色绦。

5）在金龙的眼白处点睛。

（21）压黑老：增加彩画层次，使图案更加整齐，格调更加沉稳。具体做法如下：

1）在额枋的两端，副箍头外侧，留出的底色（与晕色带同宽度或略宽）一侧至秧角处压黑老。

2）斗栱压黑老分两部分：

① 在栱、昂、翘的正面和侧面画单线条，线宽约 3mm。

② 在各斗、升中画小斗、升形黑色块。栱件外侧的黑线末端画乌纱帽形，使线的形状与构件形状相吻合。昂件侧面压黑老做两线交叉抹角八字线，即剪子股。

（22）做雀替：具体做法如下：

1）雀替沥粉：雀替的外侧大边无沥粉。雕刻纹饰沥粉贴金。翘升和大边底面各段均沥粉，翘升部分的侧面在中部沥粉贴金做金老。

2）雀替刷色：雀替的升固定为蓝色，翘固定为绿色，荷包固定为朱红漆。其弧形的底面各段分别由青绿色间隔刷色，靠升的一段固定为绿色。各段长度逐渐加大，靠升的部分如其中两段过短可将其合为一色。雀替的池子和大草其下部如有山石，则山石固定为蓝色。大草由青、绿、香、紫等色组成。池子的灵芝固定为香色，草固定为绿色。以上各色均拉晕色与套晕，并拉大粉和吃小晕。雀替雕刻花纹的平面底地为朱红油。

（23）打点活：是彩画绘制工艺中最后一道必不可少的重要程序。是彩画工程最后的检查、修理、修正、处理画错、遗漏、污染等，程序为：自上而下用彩画原色修理，使颜色同原色相一致。

（二）旋子彩画

1. 等级划分

清代官式旋子彩画按用金多少及特殊性分八种，等级由高至低依次排列为：浑金旋子彩画；金琢墨石碾玉旋子彩画；烟琢墨石碾玉旋子彩画；金线大点金旋子彩画；墨线大点金旋子彩画；墨线小点金旋子彩画；雅伍墨旋子彩画；雄黄玉旋子彩画。

（1）浑金旋子彩画（图 5-7）

图 5-7　天花浑金彩画

特点：整个画面纹饰全部沥粉贴金，不施其他色彩，即为浑金之意。金箔下能显示出沥粉的纹饰线条、整个纹饰图案，这种大量用金别具特色的彩画表达形式显示了建筑地位等级之重。

（2）金琢墨石碾玉旋子彩画（图 5-8）

特点：主体框架大线及细部旋花外轮廓线及旋眼、栀花心、菱角地宝剑头沥粉贴金，主体框架大线旁侧及旋花等花纹内做晕色。

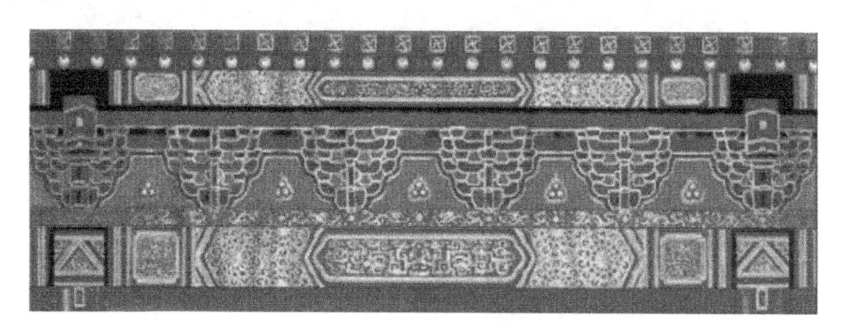

图 5-8　金琢墨石碾玉旋子彩画

（3）烟琢墨石碾玉旋子彩画（图 5-9）

特点：细部旋花等花纹外轮廓线为黑色，花纹内做晕色。主体框架大线、旋眼、栀花心、菱角地宝剑头沥粉贴金，主体框架大线旁侧做晕色。

图 5-9　烟琢墨石碾玉旋子彩画

（4）金线大点金旋子彩画（图 5-10）

图 5-10　金线大点金旋子彩画

特点：主体框架大线均为金线。主体框架大线、细部旋花的旋眼、栀花心、菱角地宝剑头等沥粉贴金。

（5）墨线大点金旋子彩画（图 5-11）

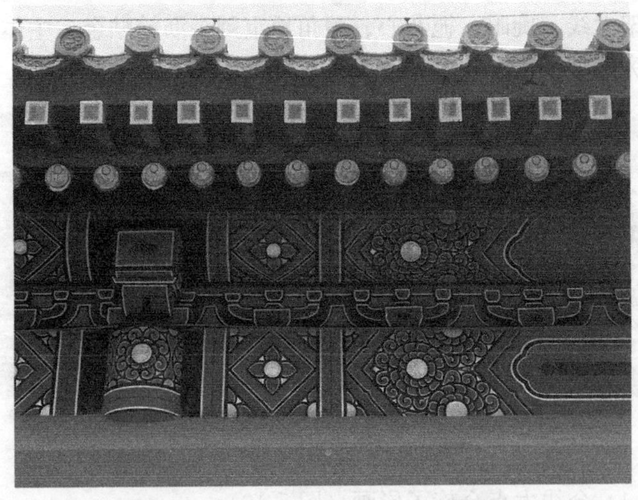

图 5-11　墨线大点金旋子彩画（张峰亮）

特点：主体框架大线及旋花、栀花外轮廓线均为黑色。在旋花的旋眼、栀花心、菱角地宝剑头沥粉贴金。

（6）墨线小点金旋子彩画（图 5-12）

特点：主体框架大线及旋花、栀花外轮廓线均为黑色。仅旋花的旋眼、栀花心沥粉贴金。

图 5-12　墨线小点金旋子彩画（张峰亮）

（7）雅伍墨旋子彩画（图 5-13）

特点：彩画无金（不贴金），全部由颜色绘制的旋子彩画。

图 5-13　雅伍墨旋子彩画（边精一）

（8）雄黄玉旋子彩画（图 5-14）

特点：用雄黄或土黄做基底色，主体框架大线和细部旋花等花纹按青、绿色的设色法则，用三青、三绿色绘制纹饰，再经行粉、攒色老，形成叠晕。

图 5-14　雄黄玉旋子彩画（边精一）

2. 基本施工工艺（图 5-15、图 5-16）

（1）浑金旋子彩画工艺流程

丈量→配纸→起扎谱子→磨生过水→分中→拍谱子→摊找活→沥粉→包胶→打金胶贴金→打点活。

（2）金琢墨石碾玉旋子彩画工艺流程

丈量→配纸→起谱子→扎谱子→磨生过水→分中→拍谱子→摊找活→号色→沥粉→刷色→套色→包胶→打金胶贴金→做宋锦→拉晕色→拉大粉→吃小晕→攒退活→切活→拉黑绦→压黑老→做雀替→打点活。

（3）烟琢墨石碾玉旋子彩画工艺流程

丈量→配纸→起谱子→扎谱子→磨生过水→分中→拍谱子→

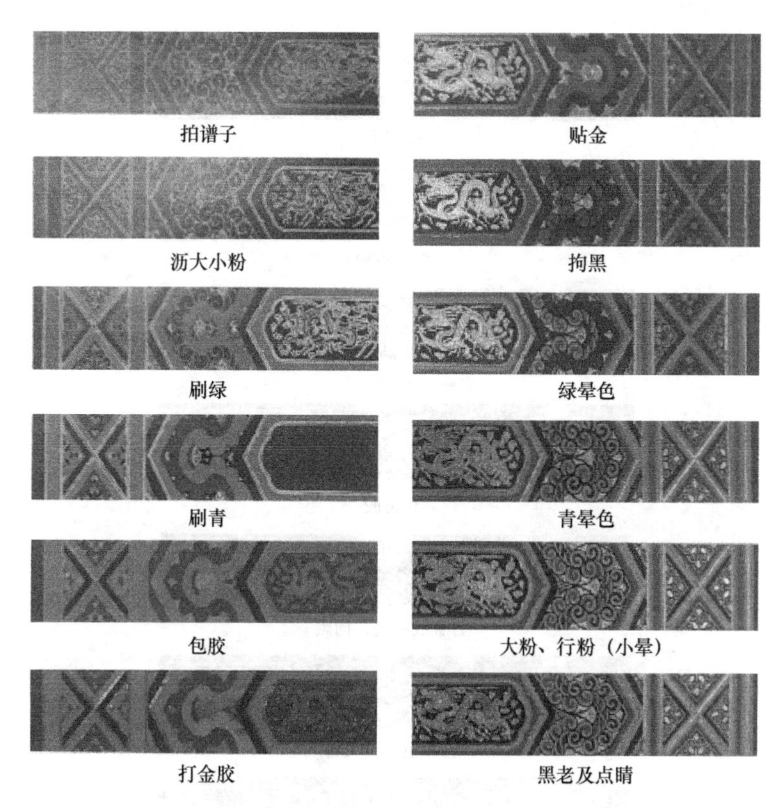

图 5-15　清式旋子彩画烟琢墨龙方心绘制工艺（边精一）

摊找活→号色→沥粉→刷大色→套色→包胶→打金胶贴金→拉黑线→拘黑→套晕→做宋锦→拉晕色→拉大粉→吃小晕→攒退活→切活→拉黑绦→压黑老→做雀替→打点活。

（4）金线大点金旋子彩画工艺流程

丈量→配纸→起谱子→扎谱子→磨生过水→分中→拍谱子→摊找活→号色→沥粉→刷色→套色→包胶→打金胶贴金→拉黑线→拘黑→套晕→做宋锦→拉晕色→拉大粉→吃小晕→攒退活→切活→拉黑绦→压黑老→做雀替→打点活。

（5）墨线大点金旋子彩画工艺流程

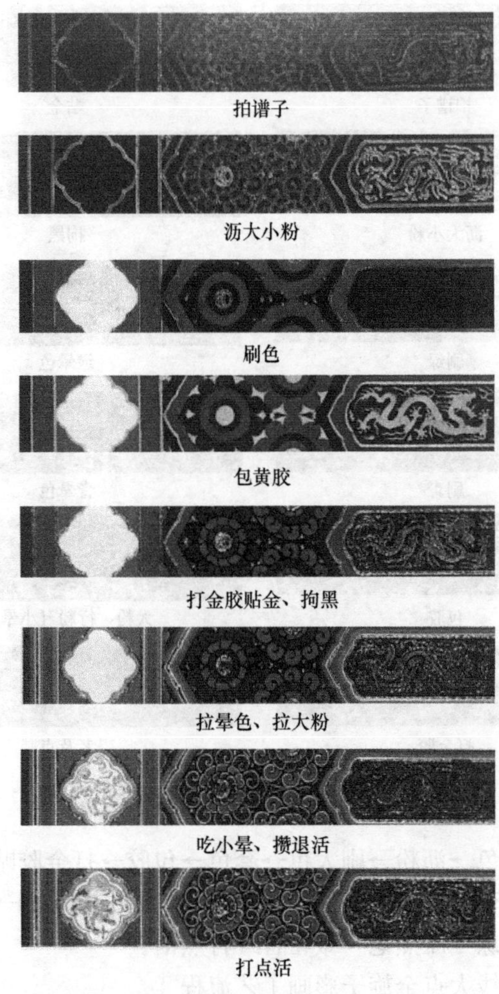

图 5-16 清式旋子彩画金线大点金龙方心绘制工艺（蒋广全）

丈量→配纸→起谱子→扎谱子→磨生过水→分中→拍谱子→摊找活→号色→沥粉—刷色→套色→包胶→打金胶贴金→拉黑线→拘黑→套晕→做宋锦→拉晕色→拉大粉→吃小晕→攒退活→切

活→拉黑绦→压黑老→做雀替→打点活。

（6）墨线小点金旋子彩画工艺流程

丈量→配纸→起谱子→扎谱子→磨生过水→分中→拍谱子→摊找活→号色→沥粉→刷色→套谱子→套色→包胶→打金胶贴金→拉黑线→拘黑→套色→拉大粉→吃小晕→攒退活→拉黑绦→压黑老→打点活。

（7）雅伍墨旋子彩画工艺流程

丈量→配纸→起谱子→扎谱子→磨生过水→分中→拍谱子→摊找活→号色→刷色→套谱子→套色→拉黑线→拘黑→拉大粉→吃小晕→攒退活→拉黑绦→压黑老→做雀替→打点活。

（8）雄黄玉旋子彩画工艺流程

丈量→配纸→起谱子→扎谱子→磨生过水→分中→拍谱子→摊找活→号色→刷色→拍二次谱子→大线加色→拘颜色→加晕色→吃大晕→拉大粉→画方心与盒子→做垫板→画博古→拉黑绦→压黑老→打点活。

3. 操作技术要点

（1）金琢墨石碾玉旋子彩画

1）丈量、配纸：见和玺彩画，做法相同。

2）起谱子：

① 起谱子操作工艺，详见起谱子章节。

定箍头宽→定方心→定方心岔口→定找头部分。

找头部分，与是否设盒子、找头部分画什么内容兼顾考虑，每一部分不可太长。找头部分根据空间大小可画一整两破、一整两破加一路、一整两破加金道光、一整两破加二路、一整两破加勾丝咬、一整两破加喜相逢等旋子图案。

② 金琢墨石碾玉旋子彩画中龙的画法：行龙、坐龙的画法，详见起谱子部分。

③ 画岔角和素箍头：箍头为素箍头，可按底色认色拉晕色。盒子岔角做切活，按设计要求，如盒子岔角做切活，则青箍头配二绿色，岔角切水牙图纹。绿箍头配二青色，岔角切草形图纹。

3）磨生过水、分中、拍谱子、摊找活、号色：见和玺彩画，做法相同。

4）沥粉：沥大粉、沥中路粉、沥小粉，详见沥粉章节。

5）刷色：详见刷色章节。

6）套色：

① 各旋子瓣以及栀花内靠沥粉金线一侧认色拉晕色（即一路、二路、三路瓣）。

② 由额垫板轱辘心和阴阳草内套三青色与三绿色。

③ 坐斗枋的降魔云内的栀花认色套色。

④ 雀替卷草与灵芝套三青、三绿、香、粉紫等色。

⑤ 宋锦刷色：按规则为整青破绿，整青即二青色，破绿即二绿色。

7）包胶：包黄胶作业同和玺彩画。

包胶的部位包括：

① 方心的方心线以及龙纹与宋锦。

② 岔口线、皮条线、箍头线、盒子的线与盒子里的龙纹和西番莲草等。

③ 找头部位的旋子线、旋子瓣、旋眼、栀花。

④ 椽头的龙眼。

⑤ 老角梁与子角梁的金边和金老，角梁肚弦的金线与金边。

⑥ 金宝瓶和霸王拳的金边和金老。

⑦ 压斗枋的金边，坐斗枋的降魔云大线与栀花。

⑧ 灶火门的金线和三宝珠。

⑨ 柱头的箍头线与旋子线、旋子瓣、旋眼、栀花，穿插枋头的金边与金老。

⑩ 由额垫板的阴阳草，雀替的卷草与大边和金老等。

8）打金胶贴金：工艺参见油漆作。

9）做宋锦：在沥小粉，刷二青、二绿色，打金胶贴金后，在片金轱辘心中刷青色。

其他操作步骤：

① 拉紫色带子连接于各轱辘之间，带子宽约 1cm。

② 拉香色带子连接于各栀花之间，拉香色带子同时绕栀花四周圈画。在遇紫色带子交叉处时香色压紫色，拉香色带子沿二青、二绿色块分界线画，宽度同紫色带子。

③ 画白色别子：别子画在香色与紫色带子相交之处，压香色留紫色，白色别子均涂刷两遍。

④ 画红别子：在白色别子上，画两条红丹色，里粗外细，同时在各带子之间的方块内点红丹点，备作红花心。

⑤ 在各条带子外侧拉黑线（用裁口的 2～3 号油画笔），黑线占香紫色带宽的 1/5。

⑥ 在各条带子中间拉白色线，粗细同黑线。同时在各方块内、红花心周围画白色花瓣，每朵画八瓣，四大四小（用叶筋笔）。

⑦ 在白色花瓣之间画黑色圆点并加“须”。

10）拉晕色：在主要大线一侧或两侧，按所在的底色，即绿色或青色，用三绿色或三青色拉（画）晕色带（使用 10～11 号油画笔）。

拉晕色的部位包括：

① 箍头靠金线各拉一条晕色带，副箍头靠金线一侧拉另一种颜色的晕色带。

② 皮条线两侧拉一青一绿晕色带。

③ 岔口线靠金线拉一条晕色带。

④ 方心线靠金线拉一条晕色带。

⑤ 压斗枋沿下部靠金线拉一条晕色带。

⑥ 坐斗枋的降魔云靠金线认色各拉一条晕色带。

⑦ 桃尖梁、老角梁、霸王拳、穿插枋头等均在边线一侧拉三绿色的晕色带。

⑧ 雀替的仰头沿金线大边一侧认色各拉一条晕色带。

11）拉大粉：在各晕色上，靠金线一侧拉白色线条（使用裁口的 3～4 号油画笔），大粉一般不超过金线的宽度。

拉大粉的部位包括：

① 箍头靠金线各拉一条大粉，副箍头靠金线一侧拉一条大粉。

② 皮条线两侧各拉一条大粉。

③ 岔口线靠金线拉一条大粉。

④ 方心线靠金线拉一条大粉。

⑤ 压斗枋沿下部靠金线拉一条大粉。

⑥ 坐斗枋的降魔云靠金线各拉一条大粉。

⑦ 桃尖梁、老角梁、霸王拳、穿插枋头等均在边线一侧拉一条大粉。

⑧ 雀替的仰头沿金线大边一侧拉一条大粉。

12）吃小晕：即行粉，起到齐金和增加色彩层次的作用。

① 在套色“晕”之上，靠石碾玉旋子墨线一侧画较细的白色线（用叶筋笔或大描笔）。

② 由额垫板的金轱辘卷草均靠金线一侧行粉。

③ 点金龙的眼白。

13）攒退活：主要是老檐椽头、垫栱板（灶火门）的三宝珠、由额垫板的轱辘阴阳草等。

① 老檐龙眼的攒退：先拍谱子沥龙眼，待干后涂刷两道白色，然后龙眼包黄胶打金胶贴金。以角梁为准，第一个椽头做青色攒退，第二个椽头做绿色攒退，以后按青绿色间隔排列，至明间中心位置时，椽头如为双数可做同一颜色。

② 垫栱板（灶火门）三宝珠的攒退：拍谱子、沥大边的双尖大粉，然后沥三宝珠与火焰，待干后刷朱红漆，在油漆工序完成并干透后，将宝珠垫两道白色之后，宝珠及火焰打金胶贴金。三宝珠的攒退是以明间灶火门的中线位置为准，其三个宝珠以最上的宝珠为青色攒退即上青下绿，其他灶火门宝珠的攒退做间隔式排列即可。

③ 由额垫板的金轱辘卷草均攒退：用青、砂绿色分别认色攒退金轱辘心与卷草。

14）盒子岔角做切活、拉黑绦、压黑老、做雀替、打点活：见和玺彩画。

（2）金线大点金旋子彩画

1）丈量、配纸：见和玺彩画，做法相同。

2）起谱子：见起谱子章节。

3）扎谱子：将牛皮纸上画好的大线与纹饰用扎谱子针扎孔。扎谱子的工艺如下：

① 将大线按所需宽度用红墨水重新拉画，然后按红墨水两侧扎孔，孔距间隔约为 3mm。

② 将纹饰图案按线扎孔，孔距间隔约为 1mm。

4）磨生过水、分中：见和玺彩画，做法相同。

5）拍谱子：将谱子的中线对准部件上的分中线，用粉包（土布子）对谱子均匀地拍打，将粉包内的滑石粉透过谱子的针孔漏出，从而将纹饰复制在部件上。大线拍后可套拍方心的龙与宋锦谱子，坐斗枋的降魔云，灶火门的三宝珠，以及檩头、柱头、椽头等部位的谱子。

6）摊找活、号色：见和玺彩画，做法相同。

7）沥粉：见沥粉章节。

8）刷色：见刷色章节。

9）套色：

① 各旋子瓣以及栀花内靠沥粉金线一侧认色拉晕色（即一路、二路、三路瓣）。

② 由额垫板轱辘心和阴阳草内套三青色与三绿色。

③ 坐斗枋的降魔云内的栀花认色套色。

④ 雀替卷草与灵芝套三青、三绿、香、粉紫等色。

⑤ 宋锦刷色：按规则为整青即二青，破绿即二绿。

10）包胶：包黄胶可阻止基层对金胶油的吸收，使金胶油更加饱满，从而确保贴金质量。包胶还可标示出打金胶及贴金的准确位置（使用 3～10 号油笔）。

包胶的部位包括：

① 方心的方心线以及龙纹与宋锦。

② 岔口线、皮条线、箍头线、盒子的线与盒子里的龙纹和西番莲草等。

③ 找头部位的旋眼、栀花、菱角地、宝剑头。

④ 椽头的龙眼。

⑤ 老角梁与子角梁的金边和金老，角梁肚弦的金线与金边。

⑥ 金宝瓶和霸王拳的金边和金老。

⑦ 穿插枋头的金边与金老。

⑧ 压斗枋的金边。

⑨ 灶火门的金线和三宝珠。

⑩ 坐斗枋的降魔云大线与栀花。

⑪ 柱头的箍头线与旋子线、旋子瓣、旋眼、栀花。

⑫ 由额垫板的阴阳草，雀替的卷草与大边和金老等。

11）打金胶贴金：工艺参见油漆作。

12）拉黑线：即画不沥粉贴金的黑色直线（使用 4～6 号油画笔），主要画找头旋花外的几条平行线和栀花线。

13）拘黑：刷色之后，各层旋子花的各个瓣连在一起，此时用较粗的黑线条重新勾出各瓣的轮廓，即拘黑，并同时勾栀花的花瓣。金线大点金旋子彩画的找头由于头路瓣之间有沥粉的菱角地，虽然刷色使各瓣连成一片，但利用已沥粉的痕迹，仍可进行分瓣，先拘头路瓣，然后拘二路、三路瓣。最后添各旋子之间的栀花（使用修理、砸圆并裁口的 6～8 号油画笔）。

14）做宋锦：在沥小粉，刷二青、二绿色，打金胶贴金后，在片金轱辘心中刷青色。

其他操作步骤：

① 拉紫色带子连接于各轱辘之间，带子宽约 1cm（示构件大小而定）。

② 拉香色带子连接于各栀花之间，拉香色带子同时绕栀花四周圈画。紫色带子在交叉处时香色压紫色，拉香色带子沿二青、二绿色块分界线画，宽度同紫色带子。

③ 画白色别子：别子画在香色与紫色带子相交之处，压香色留紫色，白色别子均涂刷两遍。

④ 画红别子：在白色别子上，画两条红丹色，里粗外细，同时在各带子之间的方块内点红丹点，备作红花心。

⑤ 用裁口的2～3号油画笔在各条带子外侧拉黑线，黑线占香紫色带宽的1/5。

⑥ 在各条带子中间拉白色线，粗细同黑线。同时在各方块内、红花心周围画白色花瓣，每朵画八瓣，四大四小（用叶筋笔）。

⑦在白色花瓣之间画黑色圆点并加“须”。

15）拉晕色：在主要大线一侧或两侧，按所在的底色，即绿色或青色，用三绿色或三青色画拉晕色带（使用10～11号油画笔）。

拉晕色的部位包括：

① 箍头靠金线各拉一条晕色带，副箍头靠金线一侧拉另一种颜色的晕色带。

② 皮条线两侧拉一青一绿晕色带。

③ 岔口线靠金线拉一条晕色带。

④ 方心线靠金线拉一条晕色带。

⑤ 压斗枋沿下部靠金线拉一条晕色带。

⑥ 坐斗枋的降魔云靠金线认色各拉一条晕色带。

⑦ 桃尖梁、老角梁、霸王拳、穿插枋头等均在边线一侧拉三绿色的晕色带。

⑧ 雀替的仰头沿金线大边一侧认色各拉一条晕色带。

16）拉大粉：在各晕色上，靠金线一侧拉白色线条，大粉一般不超过金线的宽度。

拉大粉的部位包括：

① 箍头靠金线各拉一条大粉，副箍头靠金线一侧拉一条大粉。

② 皮条线两侧各拉一条大粉。

③ 岔口线靠金线拉一条大粉。

④ 方心线靠金线拉一条大粉。

⑤ 压斗枋沿下部靠金线拉一条大粉。

⑥ 坐斗枋的降魔云靠金线各拉一条大粉。

⑦ 挑尖梁、老角梁、霸王拳、穿插枋头等均在边线一侧拉一条大粉。

⑧ 雀替的仰头沿金线大边一侧拉一条大粉。

17）吃小晕：即行粉，起到齐金和增加色彩层次的作用。

① 在套色“晕”之上，靠旋子墨线一侧画较细的白色线（用叶筋笔或大描笔）。

② 由额垫板的金轱辘卷草均靠金线一侧行粉。

③ 点金龙的眼白。

18）攒退活：主要是老檐椽头、垫栱板（灶火门）的三宝珠、由额垫板的轱辘阴阳草等。

①老檐龙眼的攒退：先拍谱子沥龙眼，待干后涂刷两道白色，然后龙眼包黄胶打金胶贴金。以角梁为准，第一个椽头做青色攒退，第二个椽头做绿色攒退，以后按青绿色间隔排列，至明间中心位置时，椽头如为双数可“捉对”做同一颜色。

②垫栱板（灶火门）三宝珠的攒退：拍谱子、沥大边的双尖大粉，然后沥三宝珠与火焰，待干后涂刷朱红漆，在油漆工序完成并干透后，将宝珠垫两道白色之后，宝珠及火焰打金胶贴金。三宝珠的攒退是以明间灶火门的中线位置为准，其三个宝珠以最上的宝珠为青色攒退即上青下绿，其他灶火门宝珠的攒退做间隔式排列即可。

③ 由额垫板的金轱辘卷草均攒退：用青、砂绿色分别认色攒退金轱辘心与卷草。

19）盒子岔角做切活：按设计要求，如盒子岔角做切活，则青箍头配二绿色，岔角切水牙图纹。绿箍头配二青色，岔角切草形图纹（使用 2 号并裁口的油画笔用墨拉直线，用大描笔切草和水牙）。

20）拉黑绦、压黑老、做雀替、打点活：同金龙和玺彩画。

（3）雅伍墨旋子彩画

1）丈量、配纸：同金龙和玺彩画。

2）起谱子：见起谱子章节。

3）扎谱子、磨生过水、分中：同金龙和玺彩画。

4）拍谱子：将谱子的中线对准部件上的分中线，用粉包（土布子）对谱子均匀地拍打，将纹饰复制在部件上。大线拍后可套拍方心的夔龙谱子，西番莲草谱子以及坐斗枋降魔云。

5）摊找活、号色：同金龙和玺彩画。

6）刷色：见刷色章节。

7）套色：拍夔龙谱子，按谱子用三青色添色画龙。

8）拉黑线：即画黑色直线（使用3～4号油画笔）。

① 用墨线画拉方心线、箍头线、皮条线、岔口线与盒子线、找头旋花外的几条平行线和栀花线。

② 用墨线画拉挑檐梁、老角梁、霸王拳、穿插枋头。

9）拘黑：刷色之后，各层旋子花的各个瓣连在一起，此时用较粗的黑线条重新勾出各瓣的轮廓，即“拘黑”，并同时勾栀花的花瓣。雅伍墨旋子彩画可先拘头路瓣，然后拘二路、三路瓣，最后添各旋子之间的栀花（使用修理、砸圆并裁口的5～8号油画笔）。

10）拉大粉：靠墨线的大线一侧拉白色线条（使用裁口的3～4号油画笔），大粉一般不超过金线的宽度。

拉大粉的部位包括：

① 箍头靠墨线各拉一条大粉。

② 皮条线两侧各拉一条大粉。

③ 岔口线靠墨线拉一条大粉。

④ 方心线靠墨线拉一条大粉。

⑤ 压斗枋沿下部靠墨线拉一条大粉。

⑥ 坐斗枋的降魔云靠墨线各拉一条大粉。

⑦ 挑尖梁、老角梁、霸王拳、穿插枋头等均在边线一侧拉

一条大粉。

⑧ 雀替的仰头沿墨线大边一侧拉一条大粉。

11）吃小晕：即行粉，起到齐色和增加色彩层次的作用。

① 靠旋子（头路瓣、二路、三路瓣）墨线一侧画较细的白色线（用叶筋笔或大描笔）。

② 降魔云的栀花吃小晕。

③ 垫板画小池子的半个瓢吃小晕。

④ 夔龙的行粉。

12）攒退活：主要是老檐椽头与夔龙的攒退。

① 老檐龙眼的攒退：先拍谱子沥龙眼，待干后涂刷两道白色，然后龙眼包黄胶打金胶贴金。以角梁为准，第一个椽头做青色攒退，第二个椽头做绿色攒退，以后按青绿间隔排列，至明间中心位置时，椽头如为双数可“捉对”做同一颜色。

② 夔龙的攒退：在行粉的中间攒青色，晕的宽度一致。

13）切活：垫板画小池子做切活，按设计要求，如池子配二青色则做切活（使用2号并裁口的油画笔用墨拉直线，用叶筋笔或大描笔切草）。

14）拉黑绦：彩画中的黑色绦主要是起齐色、增强色彩层次的作用。

① 在两个相连接构件的秧角处，如檩与压斗枋、额枋与由额垫板等相交处均拉黑色绦（使用2～3号并裁口的油画笔用墨拉直线）。

② 在箍头之间的中线位置拉黑色绦。

③ 在龙的眼白处点睛。

15）压黑老：压黑老的作用是增加彩画层次，使图案更加整齐，格调更加沉稳。

① 在额枋的两端，箍头外侧至秧角处压黑老。

② 斗栱压黑老分两部分：

a. 单线画于栱、昂、翘的正面及侧面，线宽约3mm。

b. 在各斗与升中画小斗升形黑色块，其中栱件外侧的黑线末端画“乌纱帽”形，使“老”线形状与构件形状相吻合。昂件侧面压黑老做两线交叉抹角八字线，即“剪子股”。

16）做雀替：

① 雀替的沥粉：雀替的外侧大边无沥粉，雕刻纹饰刷色纠粉，翘升和大边底面各段均无沥粉，翘升部分的侧面在中部做墨老。

② 雀替的刷色（图 5-17）：雀替的升固定为蓝色，翘固定为绿色，荷包固定为珠红油，其弧形的底面各段分别由青绿色间隔刷色，靠升的一段固定为绿色，各段长度逐渐加大，靠升的部分如其中两段过短可将其合为一色。雀替的池子和大草其下部如有山石，则山石固定为蓝色。大草由青、绿、香、紫等色组成。池子的灵芝固定为香色，草固定为绿色。

以上各色均拉大粉与纠粉。雀替的雕刻花纹的平面底地为珠红漆（此工序见油漆作）。

图 5-17　雀替设色规矩图例

17）打点活：检查画错、遗漏、污染等，对检查发现的问题加以修正，自上而下用原色修理，使颜色同需要修理的原色相一致。

（三）苏式彩画

1. 等级划分

（1）官式苏画的等级划分

1）按主要线路色彩划分：金线苏画、墨线苏画。

2）按细部纹饰技法划分：金琢墨苏画、烟琢墨苏画。

3）按用金多少划分：金琢墨苏画、金线苏画（细部纹饰为烟琢墨攒退做法）和墨线苏画。

（2）金琢墨苏画、金线苏画和墨线苏画的特点

1）金琢墨苏画（图 5-18）

主体线路（箍头线、方心线、包袱线、聚锦线等）为金线，细部纹饰（龙纹、凤纹、花团、锦纹、卡子）为片金或金琢墨攒退做法。

图 5-18　金琢墨苏画

2）金线苏画（图 5-19）

主要线路（箍头线、方心线、包袱线、聚锦线等）为金线，细部纹饰可为金片做法（片金卡子、箍头可做片金花纹），或烟

图 5-19　金线苏画

琢墨攒退做法。飞檐椽头沥粉金万字。老檐椽头金边色福寿或百花图，或金边单粉条红寿字。

3）墨线苏画（图 5-20）

主体线路及纹饰均为墨线，无沥粉贴金。包袱心画风景山水花卉等。垫板作染葫芦、葡萄等。聚锦内画花卉、虫等。绿地红卡子，青地绿卡子或香色卡子，红地蓝卡子。回纹或锁链锦箍头。连珠退晕，青箍头用香色退晕，绿箍头用紫色退晕。

图 5-20　墨线苏画

2. 构图形式

官式苏画从构图形式上分为方心式、包袱式和海墁式三种。

官式苏画构图格式与和玺彩画、旋子彩画类似，“三停”格式布局，不同点在方心。

（1）方心式苏画（图 5-21）

图 5-21　方心式苏画图例

方心式苏画的构图格式为“三停”构图法。即把横向构件按长向划分为方心、箍头和找头三部分，方心内画金鱼、桃柳燕等。找头内画卡子、聚锦、黑叶子花卉等。

(2) 包袱式苏画（图 5-22）

包袱式与方心式的区别，即构图上在方心部位设置的是一个半圆形包袱状画框（檩垫枋三件合为一体绘画），画框有烟云和烟云托构成。包袱内画楼台殿阁、人物、翎毛、山水、花卉等。金琢墨苏画包袱心可画楼台殿阁、人物、翎毛、山水、花卉等。金线苏画可画山水、人物、翎毛、花卉等。墨线苏画可画山水花卉等。

图 5-22 包袱式苏画图例（蒋广全）

(3) 海墁式苏画（图 5-23）

海墁式构图与方心式、包袱式区别明显，为无格式限定构图（设箍头的做法不作为限定格式），即在整个构件表面上自由构图，形象地称为“海墁”。虽无格式，但有其法。彩画内容按装饰部位设置，画法也有其“墁之方式”。

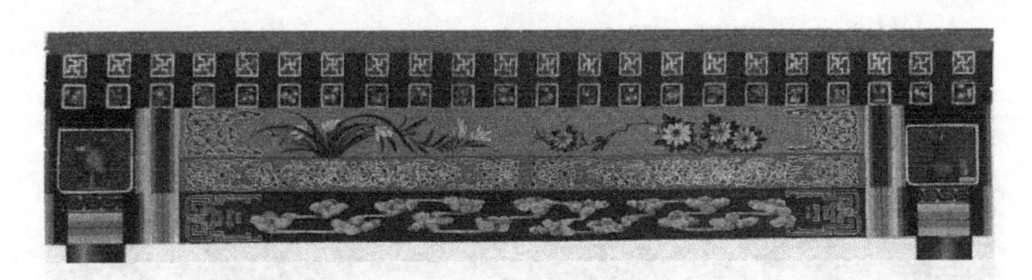

图 5-23 海墁式苏画图例（蒋广全）

构件按素箍头形式构图，两端箍头之间通画一个内容，两箍头之间的大面积部位所画内容依色彩而定。一般檩枋为两种画法相互调换，即青色部位画流云，箍头为绿色。绿色部位画黑叶子花，箍头为青色。如加卡子则做色卡子，为单加粉。飞檐椽头做黄万字，老檐椽头做百花图。

3. 基本施工工艺

（1）金琢墨苏画工艺流程

丈量→配纸→起扎谱子→磨生过水→分中→拍谱子→摊找活→号色→沥粉→刷色→套色→包胶→打金胶贴金→拉晕色→拉大粉→吃小晕→苏画细部做法→拉黑绦→压黑老→做雀替→做花活→打点活。

（2）金线苏画工艺流程

丈量→配纸→起扎谱子→磨生过水→分中→拍谱子→摊找活→号色→沥粉→刷色→套色→包胶→打金胶贴金→拉晕色→拉大粉→吃小晕→画包袱或方心等→退烟云→画博古（画柁头花）→画找头花等→拉黑绦→压黑老→做雀替→做花活→打点活。

（3）墨线（或黄线）苏画工艺流程

丈量→配纸→起扎谱子→磨生过水→分中→拍谱子→号色→刷色→套谱子→套色→拉黄线→拉大粉→苏画细部做法→拉黑绦→压黑老→打点活。

4. 操作技术要点

以金线苏画为例：

（1）与和玺彩画、旋子彩画做法相同的工艺操作技术见和玺彩画、旋子彩画。

（2）起扎谱子：见起谱子章节。

（3）摊找活：对不端正与不清晰的纹饰进行校正，补画遗漏的图案。摊找纹饰如有谱子的部分应与谱子的纹饰相一致，摊找活应做到线路平直，清晰准确。无谱子部位应按彩画规则画出相应的饰样。

画出不起谱子的图案及线路：摊画找头刷青色部位的聚锦壳。在卡子拍完后，在包袱与卡子之间的青色空地画聚锦的轮廓和聚锦的捻头，即叶子与寿带。画聚锦的数量根据找头的空地而定。同一间聚锦的轮廓纹饰应有所变化。画聚锦的轮廓时，应注意与卡子保持适当的距离。同时不应将聚锦的里侧与包袱全部相连，应留适当的空隙。画聚锦叶子与寿带，则按金琢墨攒退的纹饰要求画出。

（4）套色：如果卡子为攒退做法，则在绿色找头的软卡子上套硝红色。在红色垫板上套三绿色。在青色找头的硬卡子上套香色。

（5）包胶：包胶时应适度配制黄胶的浓度，包箍头线、卡子、包袱线、聚锦、叶子、寿带线等部位应整齐，无毛边，无遗漏。

包胶的部位还包括：

1）老檐椽头的边框。

2）找头部位的卡子。

3）箍头线，箍头里的纹饰（如做片金）。包袱线、聚锦、叶子、寿带线。

4）柁头边框线。

5）挑檐梁、老角梁、穿插枋头等的边框及金老线。

（6）打金胶贴金：打金胶及贴金工艺见油漆作。

（7）拉晕色：在主要大线一侧，按所在的底色，即绿色或青色，用三绿色或三青色画拉晕色带（使用8～11号油画笔）。

拉晕色的部位还包括：

1）副箍头靠金线一侧拉晕色带。

2）挑尖梁、老角梁、穿插枋头等均在边线一侧拉三绿色的晕色带。

（8）拉大粉：在各晕色上，靠金线一侧画拉白色线条。大粉宽度一般不超过金线宽度（使用裁口的3～4号油画笔）。拉大粉的部位还包括：副箍头线、桃尖梁、老角梁等。

（9）苏画细部做法：白活的主要表现技法有硬抹实开、落墨搭色、洋山水及花鸟鱼虫等。硬抹实开、落墨搭色、洋山水做法见苏画“主要技法”章节。花鸟鱼虫可以采用工笔、小写意画法。

（10）退烟云：包括退烟云与托子两部分。在包袱画面完成后进行。烟云是为衬托画面而设计的图案。做硬烟云均使用木尺画拉直线，硬烟云多用在建筑物的主要部位。

1）烟云与托子的色彩关系为：黑色烟云退红色托子，蓝色烟云退黄色托子，紫色烟云退绿色托子。

退烟云应先准备老色，老色为调制好的黑烟子、氧化铁红（红土子）、群青。烟云由浅至深层层排列，各浅色的色度是由老色加兑白色的量而调成。

2）退烟云的步骤：

① 用铅笔将烟云及烟云筒的轮廓预先勾勒，以确定烟云及烟云筒在画面的具体位置，并为下一步骤的退烟云提供依据。

②一般包袱烟云有五道、七道之分。退烟云时因事先已刷好烟云及烟云筒的白色，所以可直接退二道色（白色为一道色）。一般烟云每道色宽约 15mm。退烟云筒时，烟云筒的两侧肩部要整齐，并逐步适当地收减，以达到近大远小的透视效果。退烟云的每一道色都要比前一道略窄，最后一道的颜色均为老色。

③ 退第二道的同的退烟云筒，要将二道色退入筒内，然后退老色时，再将老色退于二道色上并退入筒内。

④ 退托子：在黑色烟云的托子上先退硝红色，硝红色退在托子里侧，其宽度占托子的 1/2，最后退银珠色，银朱色沿烟云的沥粉贴金边线攒退，银朱色的宽度占硝红色的 1/2。在蓝色烟云的托子上先退石黄色，石黄色退在托子里侧，其宽度占托子的 1/2，最后退章丹色，章丹色沿烟云的沥粉贴金边线攒退，章丹色的宽度占石黄色的 1/2，在紫色烟云的托子上先退三绿色，三绿色退在托子里侧，其宽度占托子的 1/2，最后退砂绿色，砂绿色沿烟云的沥粉贴金边线攒退，砂绿色的宽度占三绿色的 1/2。

（11）画博古：博古是彩画中常用的画题。各种造型的青铜器，各种色彩的瓷器、书卷、画轴、笔砚、珍珠、玉翠、珊瑚、古币、盆景等均在博古的绘画中运用。博古在彩画中主要表现在柁头，垫板可通画，也可在小池子中绘制。

博古画法：即涂抹色彩，可采用油画静物写生的技法，使博古具有极强的质感和立体效果。彩画中十分强调博古具有的沉重感与光线效果。

(12) 画找头花：找头花俗称黑叶子花。找头花均画在绿色地上，所以就不画绿叶而画黑叶子。

找头花的绘制：

1) 垛花头：在绿色地上将所要画的花用白色垛花头，画花头的大小和数目的多少，以构件的尺寸与找头的面积而定。

2) 垫色：在已垛的花头上，即在已垫白色的花头上部，垫染所要画花颜色的浅色。例如：画红花垫硝红色，画大红花和黄花垫章丹色，画蓝花垫湖蓝色。

3) 过矾水：在已垫色的花头上刷矾水（矾水应入胶）。

4) 开花瓣：用深色勾花瓣，例如在硝红色上用银珠开瓣，在大红色上用深红开瓣等。

5) 染花：即对花瓣的渲染，在花头上部的深暗处染重色，下部染淡色，使花瓣渲染成鲜艳夺目并具有立体感的效果。

6) 点花蕊：在花芯部位点花蕊。

7) 画黑叶子：找头花的枝干应从包袱线在额枋下部的位置出枝，出枝到卡子前部时折返，并与花头衔接。在花头四周及其他部位插叶。画叶子时，可将已盏烟子的白云笔在笔尖处点蘸章丹色画叶，使叶子既有色彩的亮度又有色彩的变化。

8) 撕叶筋：在叶子未干透时，用硬尖物如钉子撕画叶筋。

(13) 做倒里万字箍头：

1) 倒里万字的工艺流程：刷大色→拍万字谱子→绿箍头套三绿和硝红，青箍头套三青和石黄→行粉→绿箍头攒退红色，青箍头攒退章丹→拉黑线→切黑角。

2) 阴阳万字和回纹箍头的工艺流程：刷大色→拍谱子→写万字或回纹→行粉→拉黑线→切黑角。

(14) 碾连珠：连珠均用在黑色的连珠带上。

1）在青色与绿色箍头的连珠带位置，用香色与紫色碾连珠。各连珠之间略有空隙，连珠不能紧靠金线。另外，在檩枋碾连珠应以檩枋与垫板的秧角为准，由秧角往上碾。垫板由秧角往下碾，垫板的连珠应为整连珠。额枋碾连珠应由额枋上楞往下碾。箍头两侧连珠带的连珠应左右对称，大小均匀。香、紫色的连珠均重二道。

2）在香色与紫色的头道连珠上，用石黄、硝红在其上部碾二道珠。二道珠小于头道珠，二道珠应左右对称，大小均匀。石黄、硝红色的连珠均重二道色。

3）在二道珠的上部碾白色珠，白色珠应左右对称，大小均匀。

（15）画锦上添花：按设计要求，如果金琢墨苏画的连珠带位置做锦上添花，则在连珠带的位置刷白色（二道色）。

做锦上添花的工艺步骤：

1）在青色与绿色箍头的连珠带位置，用三绿色与三青色拉方格。方格子的竖线要紧靠金线。另外，在檩枋拉方格的横线应以檩枋与垫板的秧角为准，由秧角往上拉方格。垫板由秧角往下拉方格，额枋与垫板的方格应为整方格，不能出现半个方格。箍头两侧的方格应左右对称，大小均匀，格子端正。然后在带子的三绿色与三青色横竖线的交汇点上抹方形或圆形角。

2）在三绿色与三青色方格子的竖线并紧靠金线的位置拉砂绿与群青色线。然后在带子的三绿色与三青色上的中线位置拉砂绿与群青色的横线。

3）用砂绿与群青色在每个三绿色与三青色的交汇点上攒方形或圆形角。

4）在白色的格内画花，花为八瓣，每瓣呈枣核形（俗称枣花）。花瓣用章丹色点画，最后用绿色或黄色点花蕊。

（16）画流云：流云有两种做法，一种为片金流云，一种为五彩流云。苏式彩画多用五彩流云。五彩流云画在蓝色的部位上。

工艺步骤：

1）垛云：画流云不必起谱子，在大致的位置用白云笔蘸白色画椭圆形的云。每四五个小云为一组大云。画多少大云以部位面积而定。大云的排列组合为上、下、上的形式，并由流云线连接。最后重二道白色。

2）垫色：用硝红色、红色、三绿色、石黄色、粉紫色在每组大云中的小云下部间隔垫染，小云上部留白。

3）开云纹：在各小云上，硝红色用红色，红色用深红色，三绿色用砂绿色，石黄色用章丹色认色开云纹，同时用各色开各大云之间的流云线。

（17）做椽头彩画：

1）飞檐椽头：飞檐椽头有沥粉贴金的万字椽头和栀花椽头两种做法。其步骤为：在地仗上拍谱子，按谱子沥小粉，然后刷漆打金胶贴金。

2）老檐椽头：

① 寿字椽头：方椽头做方寿字，圆椽头做圆寿字，根据设计要求可做沥粉贴金的寿字椽头或红寿字椽头。

② 百花椽头：边框沥粉贴金刷蓝色，画拆垛花。

③ 福寿椽头：边框沥粉贴金刷蓝色，上部画蝙蝠，下部画两个桃子。

④ 福庆椽头：边框沥粉贴金刷蓝色，上部画蝙蝠，下部画磬。

（18）做雀替：

1）雀替的沥粉：雀替的外侧大边无沥粉，雕刻纹饰沥粉贴金，翘升和大边底面各段均沥粉，翘升部分的侧面在中部沥粉贴金做金老。

2）雀替的刷色：雀替的升固定为蓝色，翘固定为绿色，荷包固定为朱红漆，其弧形的底面各段分别由青、绿色间隔刷色。靠升的一段固定为绿色，各段长度逐渐加大，靠升的部分如其中两段过短可将其合为一色。雀替的池子和大草其下部如有山石，则山石固定为蓝色。大草由青、绿、香、紫等色组成。池子的灵芝固定为香色，草固定为绿色。以上各色均拉晕色与套晕，并应拉大粉与吃小晕。雀替的雕刻花纹的平面底地为珠红漆。

（19）做花活：花活彩画主要指运用在两个枋之间的花板部分的装饰，以及楣子、牙子、垂头。后者多运用在垂花门和小式建筑。

1）花板：花板彩画包括池子线内外两部分，线外部分为大线，雕刻部分的花纹均在池子线内部。雕刻以花草为主，多运用在垂花门。大边部分青绿两色以正中的花板大边为准，固定为蓝色。两侧的大边由绿青两色互换运用。靠池子一侧拉晕色与大粉。雕刻的花纹侧面部分均刷章丹色。

2）楣子：在吊挂楣子侧面均涂刷章丹色。吊挂楣子是由青绿红三色组成。步步锦楣子以正中间一组的大棱条为准，固定为蓝色，小棱条为绿色。两侧的棱条由青绿色交替运用。待干后在各棱条中间拉白色线。

3）牙子：牙子的侧面均涂刷章丹色。牙子放置在吊挂楣子的下部。其大边为贴平金做法。雕刻部分的花纹均在正面按类刷色。如梅花为白色垫底红色分染，花芯点黄色。竹与竹叶刷绿色。梗为赭石色，山石为群青色。以上的竹与竹叶、梗、山石在其各色上均用白色沿头部或一侧纠粉。

4）垂头：垂头有方圆两种，多做风摆柳形式。

① 圆垂头为倒垂莲形，又称风摆柳，多瓣雕刻，各瓣均沿其外侧预留 0.3～0.5mm 沥单路粉做金边。多瓣色彩以青、香、绿、紫色按序排列。以色拉晕在贴金后，靠金线拉白粉。莲花瓣的束腰连珠为金连珠。

② 方垂头俗称鬼脸。雕刻部分的花纹做法同牙子。其大边沥单路粉做金边。

5. 主要技法

苏画白活的表现技法有硬抹实开、落墨搭色、洋抹、作染、拆垛等。

(1) 硬抹实开（图 5-24）

传统工笔重彩绘画在构件上的运用，主要适于表现人物故事和线法风景以及花鸟等。线法山水主要适于表现园林建筑的风景画，画面除山水、树木、水景外均绘有各种建筑作为主景，如亭、廊、轩、桥等。线法的各种建筑在铺色后均用线条勾勒轮廓。绘画勾线时均使用界尺，类似界画，故得名“线法”。

绘画步骤：

1）用铅笔或碳条将包袱的烟云及烟云筒的大体轮廓位置预先勾勒，以便确定图案在画面的大致位置，为下一步骤的退烟云打下基础。

2）打底稿：用铅笔或碳条在白色地上打底稿，确定绘画内容在画面的位置。

3）打底色：在底稿线之间，根据需要平涂底色，彩画中称抹色。例如，画人物时，大红色的衣服用章丹色垫底，绿色的衣服用二绿或三绿色垫底，蓝色用二青或三青或湖蓝色垫底。

4）开线：彩画称勾线，在平涂色的基础上，用相同较深的颜色勾线，勾勒出物体以及衣饰等的轮廓。

图 5-24 硬抹实开

5）染色：根据垫色的颜色，在勾勒线与垫色的基础上认色分染。

6）嵌粉：为表达所画物体的层次与亮度，在勾线的基础上沿所勾线以里的边缘勾勒白粉或浅色。

（2）落墨搭色（图 5-25）

泛指古装人物画和墨山水画、走兽等绘画技法。

绘画步骤：

1）用铅笔或碳条将包袱的烟云及烟云筒的大体轮廓位置预先勾勒，以便确定图案在画面的大致位置，为下一步骤的退烟云打下基础。

2）打底稿：用铅笔或碳条在包袱的白色地上打底稿，确定绘画内容在画面的确切位置。

3）落墨与渲染：即勾墨线。是最后的定稿，因此要求落墨要准确无误，渲染错落有序，层次分明。例如：人物形象与衣纹，走兽的造型与神态，山石树木的皴法均用墨的形式来体现，并形成层次鲜明的图案。

图 5-25　落墨搭色

4）罩矾水：用热水将白矾化开，加入少量的骨胶液。用白云笔蘸矾水罩在墨色之上，使墨色牢固地附着于画面之上。

5）罩色：根据物体的色彩，将色彩涂于墨色之上。所罩染的色彩应轻淡且具有一定的透明度，罩色不能完全覆盖于墨色，以致影响墨色的光泽与效果。同时，根据需要可分批次罩染，然后用深色加染，以增加色彩的色度和立体感。

（3）洋抹（图 5-26）

即洋山水，借鉴了西方的绘画方法，类似油画和水粉画。其特点是画面开阔，其中的山景及树木与建筑既富于立体感，也极具装饰性。

绘画步骤：

1）用铅笔或碳条将包袱的烟云及烟云筒的大体轮廓位置预先勾勒，以便确定图案在画面的大致位置，为下一步骤的退烟云打下基础。

2）打底稿：用铅笔或碳条在包袱的已接天地的画面上打底稿，确定山水景及树木与建筑等的具体位置。

3）在檩与垫板之间画山，山不高于檩的 1/2，不低于垫板上部的 1/2，山的底部可做画面的水平线。为达到画面较远的视

图 5-26　洋抹

觉效果，画面的水平线不能高于垫板枋 1/2 的位置。

4）在枋的上部与垫板下部分画水景，近深远浅。

5）用墨色或淡墨色画由远至近的地平线、地坡线以及地坡边的山石。同时在其上加色画路面以及远处的草木和建筑物，在近景处加建筑物与树木、草、石、桥、船、篱笆等。画建筑物等应先按其物体的轮廓垫墨色或淡墨色，然后逐步加色找阳，其目的是为了达到画面和物体稳重的视觉效果。

6）在山景上部以及建筑物和地坡边的山石、树木、小桥、小船、篱笆等找阳光。

（4）作染（图 5-27）

作染，即渲染、开描技法。应用于写实题材，如作染花卉、作染流云、作染博古等。

工艺程序：

在大青、大绿、三绿、石三青、紫色、朱红等色地上绘制作染花卉，基本同硬抹实开花卉的画法程序。不同之处是其基底做

图 5-27　作染

平涂刷饰，不强调花卉造型的轮廓线普遍要勾线。

(5) 拆垛（图 5-28）

拆垛是彩画纹饰表现的一种画法，称为“一笔两色”。

方法：

用笔锋很短的圆头毛笔或捻子，先饱蘸白色，然后笔端再蘸所需的深色，在调色板上轻轻按压，使笔内所含白色与深色，形成相互润合过渡的色彩，再凭作者作画的造型功力，在画面做各种花卉。

技法细节：

较小圆点花瓣，只需按点。较大面积的花瓣，在按点后进行抹画成形。长条形叶片、花卉枝框等，用侧峰拖笔画成。出于形象表现的需要，对有些部位，往往还要运用深色做勾线和点绘。

用色不同：

只用白色与蓝色的拆垛画法称为“三蓝拆垛”或“拆三蓝”。用白色与其他各种颜色的拆垛画法称为“拆垛”或“多彩拆垛”。

——上述技法均参考或引自蒋广全《中国清代官式建筑彩画

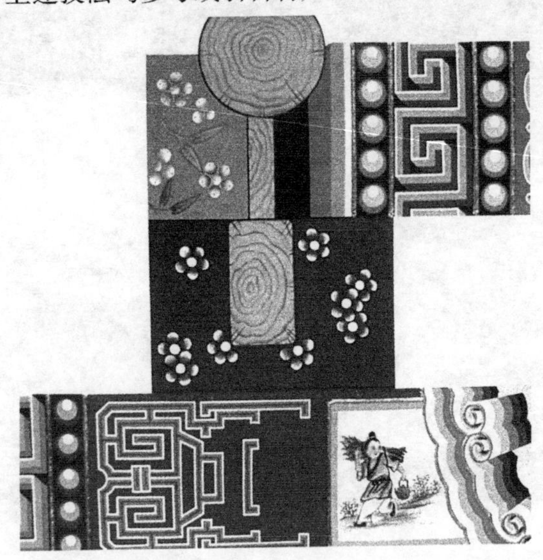

图 5-28　拆垛（作者：王志宾）

技术》。

（四）宝珠吉祥草彩画

1. 等级划分

宝珠吉祥草彩画按用金多少或细部工艺做法划分为两个等级：

（1）高等级做法：金琢墨宝珠吉祥草彩画。

（2）低等级做法：烟琢墨宝珠吉祥草彩画。

2. 特点

（1）金琢墨宝珠吉祥草彩画（图 5-29）

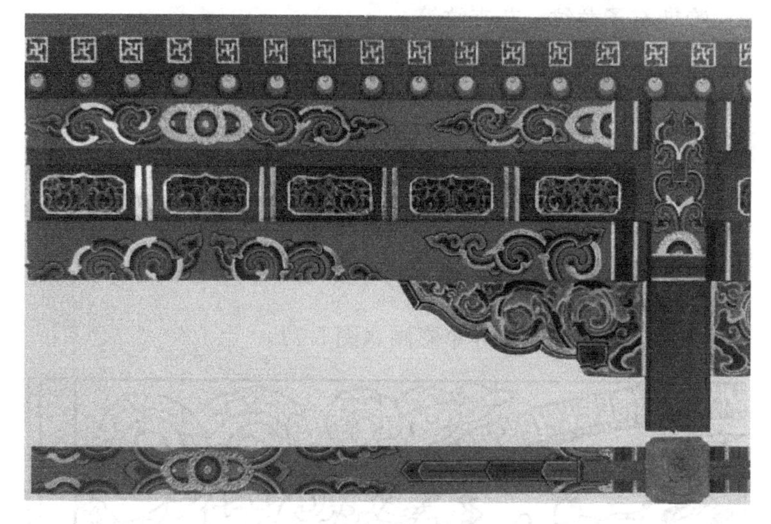

图 5-29　金琢墨宝珠吉祥草彩画（蒋广全）

箍头和细部主题纹饰的某些部位沥粉贴金，大草宝珠做攒退晕。

（2）烟琢墨宝珠吉祥草彩画

彩画无金，全用颜料绘成，箍头等纹饰外轮廓线用墨线勾勒，大草宝珠做攒退晕。

3. 构图形式

宝珠吉祥草彩画构图形式有三种：方心式宝珠吉祥草彩画、搭袱子宝珠吉祥草彩画、公母草类宝珠吉祥草彩画。

（1）方心式宝珠吉祥草彩画（图 5-30）

方心式宝珠吉祥草彩画构图按三停的三段式。横向构件设箍头、副箍头，为素箍头。两端箍头之间绘宝珠吉祥草，长构件居中画三个宝珠，一整两破。短构件居中画一颗宝珠。箍头与宝珠之间绘卷草纹。金琢墨做法箍头线沥粉贴金，宝珠外缘花纹沥粉贴金，宝珠内心圆光贴金并退晕。吉祥草只包瓣贴金。其余大多卷草瓣为颜色绘制，分别为青色、香色、绿色和紫色。凡卷草不贴金由颜色绘制的均做攒退。早期方心、找头用宝珠吉祥草纹饰，晚期有了龙纹、花卉纹等。

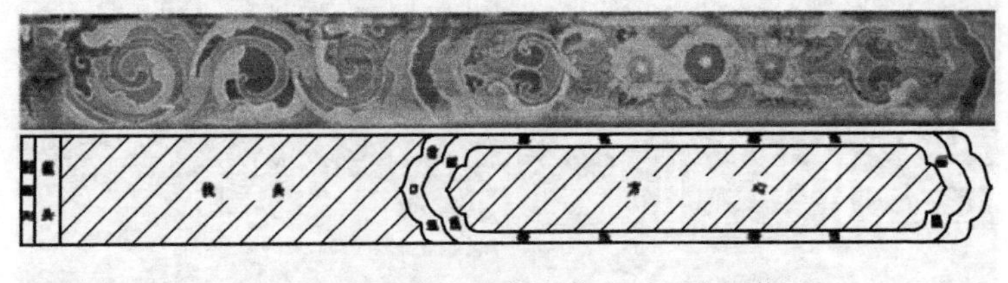

图 5-30　方心式宝珠吉祥草彩画（曹振伟）

（2）搭袱子宝珠吉祥草彩画（图 5-31）

图 5-31　搭袱子宝珠吉祥草彩画（蒋广全）

搭袱子宝珠吉祥草彩画采用宝珠吉祥草与袱子组合构图的形式。搭袱子，有正搭和反搭两种。包袱心内多绘龙纹，也有绘凤纹、宝珠吉祥草纹。低等级彩画有烟琢墨夔龙、山水做法，找头绘宝珠吉祥草纹或卷草纹。高等级做法为卷草纹包瓣施金。

（3）公母草类宝珠吉祥草彩画（图 5-32）

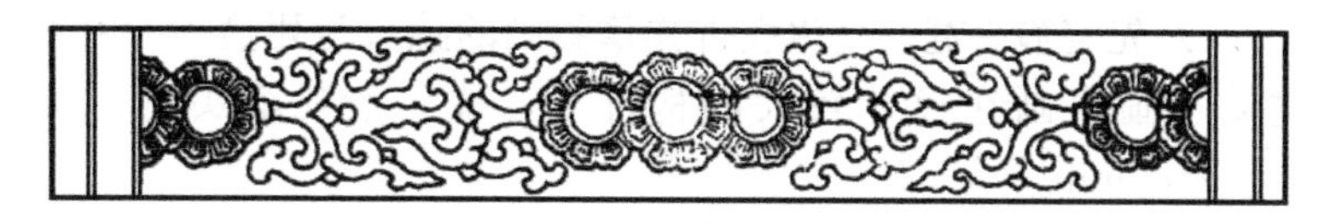

图 5-32 公母草类宝珠吉祥草彩画（蒋广全）

三宝珠与公、母草构成一个单元，在构件两端箍头之间规律排列、组合构图。亦有全为公草或全为母草做法。

4. 基本做法

以金琢墨做法为例：

（1）大木彩画设箍头。

（2）于大木梁枋中部绘三宝珠图案，周围绘大卷草与宝珠共同构成大形团花。团花由枋底向两侧展开，侧面于箍头以里的上端各绘制一个由卷草组合的岔角形纹饰。

（3）其他短、窄构件，宝珠以及吉祥草的画法，可做灵活的处理。

（4）彩画找头内基色统一为朱红色。

（5）卷草包瓣沥粉贴金。大草做青、绿、香、紫色攒退。

（6）三宝珠外框沥粉贴金，内心做青色与绿色相间设色攒退。

烟琢墨吉祥草彩画的基本做法，除无沥粉贴金（用墨色）外，其他均同金琢墨吉祥草彩画。

5. 基本施工工艺

丈量→配纸→起扎谱子→磨生过水→分中→拍谱子→摊找活→号色→沥粉→刷色→套色→包胶、打金胶贴金（金琢墨吉祥草彩画）→拉黑色线（烟琢墨吉祥草彩画）→拉大粉→吃小晕→攒退活→拉黑绦→压黑老→做雀替→打点活。

6. 操作技术要点

（1）起扎谱子：在相应的配纸上摊画出轮廓线，再用铅笔等画出线描图，扎谱子备用。

具体操作工艺如下：

1）先定箍头宽：金琢墨吉祥草彩画的箍头为死箍头。由于这类彩画多画在尺寸较大的构件上，故一般死箍头宽可为130～150mm。

2）起额枋、檩枋的三宝珠及大卷草谱子。

3）起飞檐椽头与老檐椽头的万字和虎眼谱子。

4）起子角梁肚弦谱子。

5）起坐斗枋的降魔云或卷云谱子。

（2）拍谱子：将谱子的中线对准部件上的分中线，用粉包（土布子）对谱子均匀地拍打，将纹饰复制在构件上。大线拍后可拍坐斗枋的降魔云或卷云纹，灶火门的边框线以及额枋、檩枋的三宝珠和大卷草、檩头、柱头、椽头等部位的谱子。

（3）沥粉：以金琢墨吉祥草彩画为例。

1）沥大粉：根据谱子线路，箍头线使用粗尖沥双粉，即大粉。双尖大粉宽约10mm，以构件大小而定。双大线每条单线宽约4～5mm。

2）沥中路粉：根据摊找的线路，如额枋与檩枋的三宝蛛及大卷草，挑檐枋、老角梁、霸王拳、穿插枋头、压斗枋的下边线，雀替的卷草以及斗、升和底部的边线与金老线均沥单线大粉，即二路粉。单线每条线宽约4～5mm。

3）沥小粉：小粉的口径约2～3mm。沥小粉的部位包括椽头的万字与龙眼。

（4）刷色：待沥粉干后，先将沥粉轻轻打磨，使其光顺无飞刺。刷色则先刷绿色，后刷青色。均按色码涂刷（使用1.5～2号刷子、中白云笔）。

刷大色的规则：同旋子彩画。

（5）套色：

1）大木梁枋中部的三宝珠心内及大卷草套三绿色、三青色。

2）雀替卷草与灵芝套三青、三绿、香、粉紫等色。

（6）包胶：金琢墨吉祥草彩画包胶的部位包括：

1）大木梁枋中部的三宝珠。

2）大卷草的包瓣。

3）椽头的龙眼。

4）老角梁与子角梁的金边和金老。

5）角梁肚弦的金线与金边。

6）金宝瓶和霸王拳的金边和金老。

7）穿插枋头的金边与金老。

8）压斗枋的金边。

9）灶火门的金线。

10）坐斗枋的降魔云大线与栀花。

11）柱头的箍头线。

（7）拉黑线：烟琢墨吉祥草彩画中不沥粉贴金的黑色直线（使用裁口的4～6号油画笔）。烟琢墨吉祥草彩画主要拉黑线的部位是箍头线、挑檐梁边线与肚弦线、老角梁边线，墨老线、霸王拳、穿插枋头、压斗枋的边线，斗栱的边线以及墨老线。

（8）拉大粉：在各青绿色上，靠金（墨）线一侧拉白色线条（使用裁口的3～4号油画笔）。大粉一般不超过金（墨）线的宽度。

拉大粉的部位包括：

1）箍头则靠金（墨）线各拉一条大粉，副箍头靠金（墨）线一侧拉一条大粉。

2）压斗枋沿下部靠金（墨）线拉一条大粉。

3）坐斗枋的降魔云靠金（墨）线各拉一条大粉。

4）挑尖梁、老角梁、霸王拳、穿插枋头等均在边线一侧拉一条大粉。

（9）吃小晕（行粉）：

1）在套色以及沿金（墨）的卷草和三宝珠上，靠金（墨）线一侧画较细的白色线（用叶筋笔或大描笔）。

2）吃小晕（行粉）既起到齐金（墨）的作用又可增加色彩

层次。

(10) 攒退活：主要是老檐椽头与三宝珠和卷草等攒退的做法。

1) 老檐龙眼的攒退：先拍谱子沥龙眼，待干后涂刷两道白色，然后龙眼包黄胶打金胶贴金（金琢墨吉祥草彩画）。以角梁为准，第一个椽头做青色并间隔排列至明间中心位置，椽头如双数即捉对做同一颜色，如为单数，则间隔排列至另一端的角梁即可。

2) 三宝珠的攒退：三宝珠的攒退以明间的中线位置为准，其三个宝珠以最上的宝珠为青色攒退即上青下绿，其他宝珠的攒退做间隔式排列即可。

3) 卷草的攒退：按底色认色攒退。

(11) 做雀替：

雀替的沥粉：雀替的外侧大边无沥粉，雕刻纹饰沥粉贴金（金琢墨吉祥草彩画），翘升和大边底面各段均沥粉，翘升部分的侧面在中部沥粉贴金做金老。烟琢墨吉祥草彩画均用墨色做。

（五）海 墁 彩 画

这里说的海墁彩画不是苏式彩画中的"海墁式苏画"，是区别于和玺、旋子、苏画的具有独特表现形式的一种彩画（图5-33～图 5-35)。

海墁彩画产生于清代晚期，使用范围非常有限，只用于皇宫、皇家园林及王公大臣府第花园中部分建筑的装饰。

海墁彩画，是指木构架中，上至椽子望板梁架，下至柱子甚至门窗等所有部位都要施以彩画。斑竹座是一种十分具有特点的海墁彩画。此外还有藤萝等海墁彩画。

1. 等级划分

海墁彩画，未见有等级之分。实物见有两种纹饰的绘制形式：

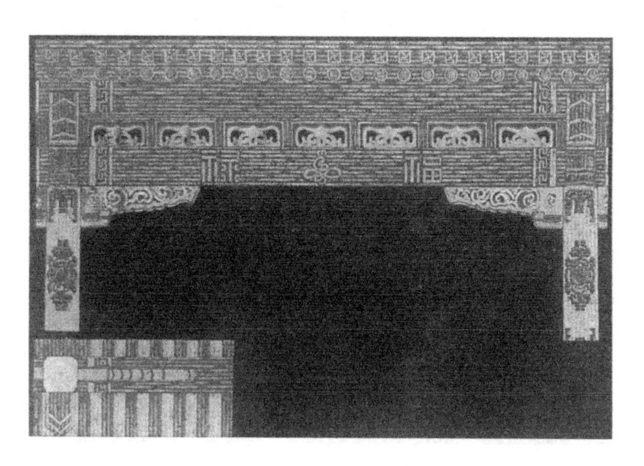

图 5-33　斑竹纹海墁彩画图例（蒋广全）

图 5-34　斑竹座海墁彩画（边精一）

图 5-35　恭王府戏楼内檐海墁彩画（曹振伟摄）

（1）斑竹纹海墁彩画。

（2）藤萝纹海墁彩画。

其他花草、流云等纹饰的海墁彩画，是应用在其他彩画中的一个构件或局部上的海墁做法，与在整座建筑上的海墁不同。

斑竹纹海墁彩画的特征：建筑满绘竹纹，俗称斑竹座彩画。分绿斑竹和黄斑竹，黄斑竹也称老斑竹。从彩画色调看，有暖色调的老斑竹和老嫩斑竹纹同时使用、形成冷暖色调相间搭配的做法。通过老嫩斑竹的色差，形成不同颜色的条块组合，体现出箍头、卡子、团花及福、禄字等纹饰，表现一种别具趣味的装饰效果。

藤萝海墁，实物见于恭王府戏楼、柱、梁、檩、墙等，遍绘藤萝、赋予室内以清新、舒适，处于自然景观之中的装饰效果。

其他纹饰的海墁做法，有绿或黄地通绘花草和青地遍彩流云做法。海墁纹饰除花卉、流云外，还有山水、建筑、树木等。

2. 基本施工工艺

（1）斑竹纹海墁彩画工艺流程

1）生肖福禄寿处：丈量→配纸→起扎谱子→分中定位→拍谱子→画竹纹。

2）只有竹纹部位：做底色（油色）→分缝弹线→拉斑竹线

→画斑竹节→染色→点斑点→磨生过水→打点活。

（2）藤萝纹海墁彩画工艺流程

地仗（彩画前技术处理完成）→涂刷二至三遍颜料光油→刷米黄色或石山青色→在柱根处做硬抹实开山石→绘柱梁枋等藤萝海墁（枝干、叶子、花及花蕊）→打点。

3. 操作技术要点

（1）斑竹纹做法

1）单色调做法要点

绿斑竹，先刷浅三绿油二道，待不沾手后即行炝好，用墨和尺棍画出斑竹宽窄，然后分长短，隔节和八字，用浅草绿垛节染头道（靠节染深）。横竹上浅下深。立竹两侧浅内部深。干后润色先搜深草绿，然后再点斑竹纹。点分大小，有集有散，阴处点多，阳处点少。二道色需加深重落。阳面拉细白粉，竹节中拉两道细白粉。

黄斑竹，刷米黄油地，用深赭石黄画竹，做法同绿斑竹。

2）冷暖色调做法要点

在绿色地上拉黑色或墨绿色的竹子线和竹节。用二绿、三绿、白色分染每个竹子和竹节。在香色地上拉黑色或深香色，用浅香色与白色分染每个竹子和竹节。用墨或深色在每个竹子和竹节上点竹斑。挑檐梁、老角梁、穿插枋头等的边线做香色斑竹纹。吊挂楣子侧面均涂刷章丹色，吊挂楣子是由绿色组成，待干后在各棱条做斑竹纹。

（2）藤萝纹做法

在地仗上（磨生过水等技术处理后）涂刷二至三遍颜料光油（由画工配置），要求无光亮、能挂色、不透地。干透后，根据预先设计做法，刷米黄色或石山青色，然后用硬抹实开的方法在柱根处绘制山石，藤萝藤蔓从山石后面生出，绕柱而上、攀爬，沿绕梁枋生发舒展。山石要有阴阳向背，深浅及孔洞可参考太湖石的瘦皱漏透的造型，使山石生动且有质感、立体感。藤蔓可用章丹蘸墨或黑油一笔两色画出主干，分出深浅阴阳。要分出老嫩，用深浅草绿，有时需加些曙红、赭石，使其自然生动。再用白粉加曙红加钛青蓝或胭脂加钛青蓝调成藤萝色，用一笔两色（也可称拆垛）方法画出藤萝花，注意花要有大小和疏密，相互遮挡，有全露有半露，有露些花苞的，总之，要生动自然有情趣，不刻板，待花干透后，用石黄点出花蕊，再用深浅草绿画出藤萝叶子，注意也要有前后、疏密、深浅、老嫩。嫩叶用黄多些，笔尖点一下曙红会更加生动自然，待叶子干后，再用更深些的深草绿，最深处可直接用黑色画出叶筋提神，最后统一打点收拾，所谓“大胆落墨，细心收拾”。如怕污染最后再刷一至二遍光油罩面，起到成品保护和延年的作用。

六、彩画主要施工工艺及操作方法

（一）起、扎、拍谱子

1. 起谱子

（1）和玺、旋子和苏式彩画谱子

1）起谱子的准备工作

① 丈量构件尺寸

为保证谱子与实际构件尺寸相符，对需要起谱子的构件一定要实测实量且要测量准确，不能用设计图纸尺寸、则例权衡尺寸、相同开间（进深）构件尺寸，更不能推算尺寸，需每个开间（或进深）、每个构件进行丈量取得实际尺寸。

对椽头、垫栱板（灶火门）的测量采用拓实样轮廓的方法。

不便或不需起谱子进行彩画的部位不用丈量。如：角梁、桃尖梁头、霸王拳、角云、做雕刻的花板和雀替等。

丈量时随时做好记录，丈量一次记录一次，以免出错。事先做好列表逐一记录，不易遗漏和记错，亦方便使用。

②配纸

按照所测量的构件尺寸把起谱子的纸裁成需要的尺寸。不同类型彩画方法有所不同：

a. 和玺、旋子彩画：按开间的 1/2 长度配纸。先将纸按宽裁成条幅，然后用糨糊接长，按需要长度剪截成段（需要的长度）。有合楞情况将合楞与立面尺寸加和定配纸宽度。无合楞情况配纸按底面宽单配。

b. 苏式彩画：按彩画的各个部位分别配纸。如：包袱、箍头、卡子等。包袱按整包袱配纸。箍头谱子配纸包括箍头心、连珠和副箍头。

2）和玺彩画谱子（额枋等横向构件）（图 6-1、图 6-2）

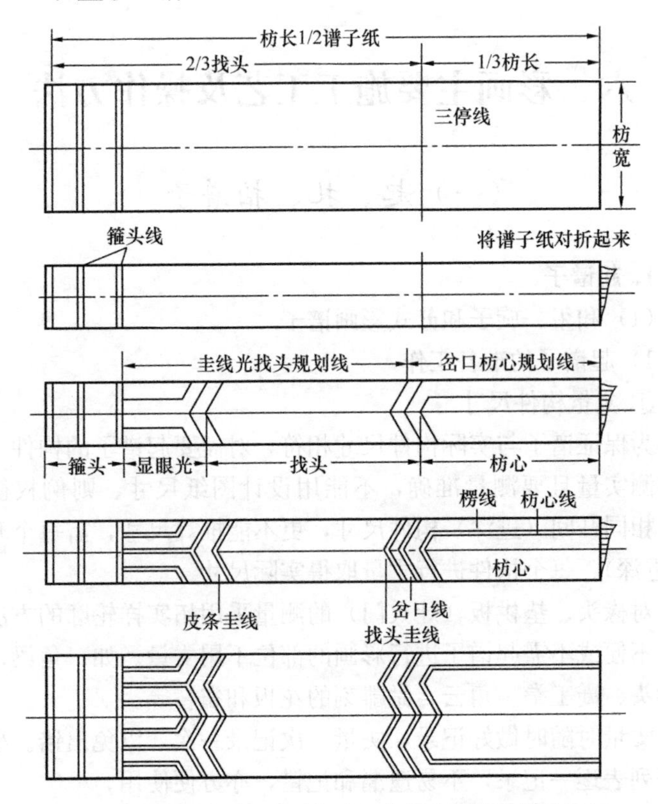

图 6-1　和玺彩画起谱子方法《中国古建筑修缮技术》

① 画和玺大线：在配纸上用粉笔等摊画出图案的大致轮廓线，再用铅笔等画出标准线描图。

基本操作步骤：定箍头宽→定方心→画岔口→安排找头部分。

a. 定箍头宽：根据彩画规则，和玺彩画有活箍头和死箍头之分。和玺彩画的建筑构件尺寸规格都较大，死箍头宽可为 130～150mm。活箍头可为 140～160mm。在活箍头两侧加连珠带，每条

图 6-2　和玺彩画不同长度构件的图案处理方法
《中国古建筑修缮技术》

连珠带宽可为 45～50mm。

b. 定方心：箍头确定后，按分三停的规制在纸的另一端（构件中分线一端）确定方心（半个方心）。定方心前将已上下对折的纸再上下对折一次，使纸的总高四等分。折线一直交于箍头，然后按和玺彩画方心框线形式特点画方心头，使方心头顶至三停线。方心楞线宽占构件高的 1/8。

c. 画岔口：方心定好后，以和玺彩画中斜线角度均为 60°为依据，画岔口，岔口两线间距离按约等于楞线宽掌握，一般可按楞线宽定。

d. 安排找头部分：找头范围，即岔口外侧线始至箍头之间的部分。根据找头的长度决定是否加盒子，如不加盒子，则靠箍头直接画线光子（圭线光、线光心）。如加盒子，再确定为方形或立高长方形盒子。盒子两侧的箍头做法相同。总之，找头部分，盒子、线光子长短是可变的，找头内画什么内容，单龙还是双龙，需相互兼顾，每一部分不可太长。

② 确定龙、凤纹饰：和玺彩画中龙的画法见后文龙谱子章节。

③ 画龙凤纹饰：在方心、盒子、找头内画龙凤。

④ 画岔角云、线光子心，贯套箍头或片金箍头。

3）旋子彩画谱子（额枋）（图 6-3、图 6-4）

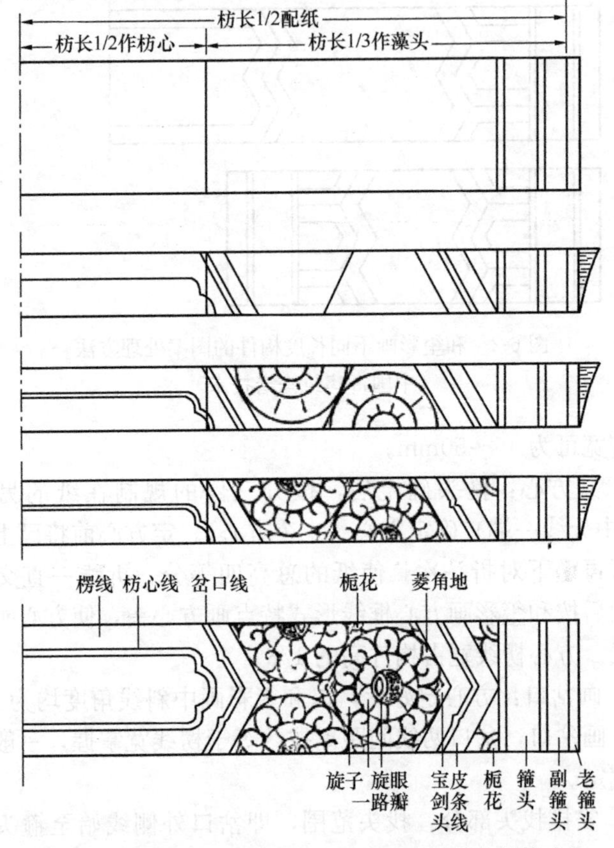

图 6-3　旋子彩画起谱子方法《中国古建筑修缮技术》

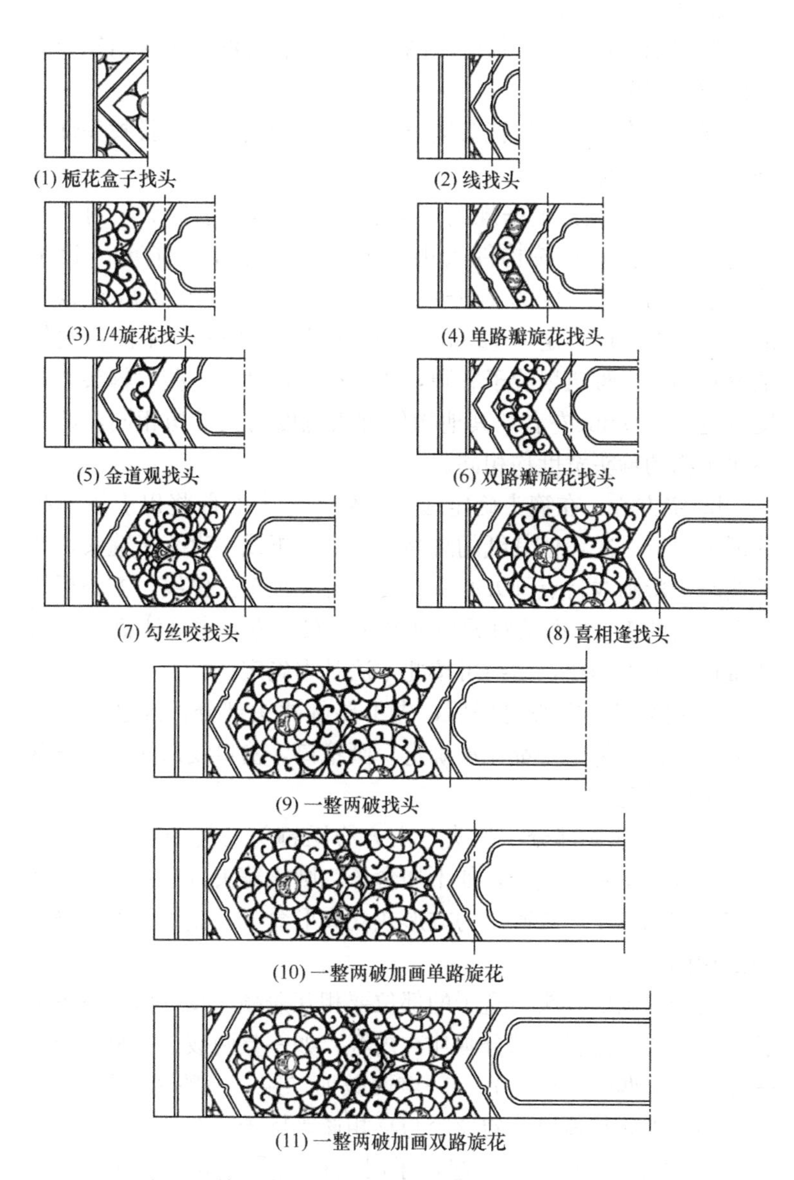

图 6-4 旋子彩画不同长度找头的构图方法（蒋广全）

① 画旋子大线

在配纸上用粉笔等摊画出图案的大致轮廓线，再用铅笔等画出标准线描图。

基本操作步骤：定箍头宽→定方心→画岔口→安排找头部分→贴金大线的标示。

a. 定箍头宽：根据规则，旋子彩画大多为素箍头，两侧不加连珠带，箍头宽按构件大小而定，大额枋高在600mm以上的，箍头的宽度可定为140～150mm。大额枋高在600mm以下的，箍头的宽度可定为120mm左右（引自边精一《中国古建筑油漆彩画》）。雅伍墨旋子彩画，建筑构件尺寸小一些，箍头的宽度可定为100mm左右。其他构件箍头宽度与大额枋相同，即一座建筑物的箍头宽度均相同。

b. 定方心：在箍头确定后分三停。定方心前将以上下对折的纸再对折一次，使其纸的总高四等分。折线一直交于箍头，然后按旋子彩画线特点画方心头，使方心头顶至三停线，方心楞线宽占总高的1/8。即纸对叠后面高的1/4，方心占3/4高。较大体量构件的大额枋，楞线可按此方法基本确定。

c. 定岔口：方心定好后，先不要画找头部分，因这时找头画多长，是否加盒子都无法确定。画岔口，岔口线两线间距离基本等于楞线宽。

d. 安排找头部分：找头，由方心至箍头之间的部分。视找头长度确定是否加盒子，如不加盒子，则靠箍头直接画皮条线和栀花。如加盒子，再确定为方形或立高形盒子，盒子两侧的箍头做法相同。

旋子彩画的找头与盒子的部位要相互兼顾，每一部分不可太长，尤其要考虑找头部分画什么内容，如一整两破、一整两破加一路、一整两破加金道光、一整两破加二路、一整两加勾丝咬、一整两破加喜相逢以及勾丝咬与喜相逢等旋子图案。

e. 贴金大线的标示：起谱子时要确定彩画等级，沥双线大粉贴金的大线，画10mm间隙的双线条。

② 画方心和盒子内容

大线和找头画完后，即可画方心和盒子的内容。颜色与纹饰内容按规制设置和绘制。包括画宋锦。青箍头构件的方心画宋锦。起谱子时只表示一部分规则、内容，大部分在施工中绘制完成。画宋锦谱子详见起谱子章节。

③ 画岔角与素箍头

箍头：做素箍头，可按底色认色拉晕色。

盒子岔角做切活：青箍头配二绿色，岔角切水牙图纹。绿箍头配二青色，岔角切草形图纹。

4）苏式彩画谱子

苏式彩画起谱子与和玺、旋子彩画有所不同。因为苏画中有较多的绘画，绘画部分不能起谱子，如包袱内的绘画、聚锦部分。

苏画主要框线（檩枋）：在配纸上用粉笔等摊画出图案的大致轮廓线，再用铅笔等画出标准线描图。

基本操作步骤：定箍头宽→定包袱（大小、软硬烟云、托子）→起箍头心→起卡子。

① 定箍头宽：箍头宽包括箍头心、连珠带和副箍头。箍头宽度按构件大小而定。一般檩枋高度在250～300mm的，整个箍头宽为260～270mm（副箍头80mm、箍头心90～100mm、两条连珠带90mm）。构件较大或较小可相应增减，但不能按构件尺寸比例增减（引自边精一《中国古建筑油漆彩画》）。

② 定包袱：在箍头确定后，按檩、垫、枋的实际高度确定做包袱或方心，然后起谱子。起包袱谱子，先定大小。其大小按构件尺寸定。一般包袱（半个）或方心的宽度占箍头线以里的二分之一。

③ 起箍头心：箍头宽确定后开始画箍头心图案。箍头纹饰确定，可做汉瓦箍头、万字箍头、回纹箍头等。万字箍头可做阴阳万字、片金万字、金琢墨万字。不同纹饰起谱子的表现方法和程度要求不同，以满足需要为准。

④ 起卡子：做片金卡子或金琢墨加片金卡子。

(2) 起龙谱子的方法

1) 画龙的基本要领

① 龙的头、尾、身、爪的比例要适当。北宋初年的董羽是画龙颇有造诣的画家，他在《画龙辑要》中首先指出了画龙“三停”和“九似”的说法。三停，即“自首至项、自项至腹、自腹至尾”。宋代的龙画家郭若虚在图《画见闻志》中论及画龙技法，提出“折出三停”，即从头至胸、从胸至腰、从腰至尾，要有转折粗细的变化，要衔接自如。南京云锦老艺人归纳的“龙有三停，脖停、腰停、尾停”的讲法就来自董羽和郭若虚的论述。比例是形象、形态的基本要求，比例失调是基本的问题，也是大缺陷。

②龙的形态应是传统文化中龙的形象。北宋董羽在《画龙辑要》中关于龙的形态，提到“九似”，即头似牛、嘴似驴、眼似虾、角似鹿、耳似象、鳞似鱼、须似人、腹似蛇、足似凤。宋代郭若虚论及九似：头似驼、角似鹿、眼似鬼、项似蛇、腹似蜃、鳞似鱼、爪似鹰、掌似虎、耳似牛。明代李时珍在他编著的《本草纲目》里有“龙有九似，头似蛇、角似鹿、眼似鬼、项似蛇、腹似蜃、鳞似鱼、爪似鹰、掌似虎、耳似牛”。与郭若虚的论述相一致。

2) 古建筑彩画龙的画法口诀及细部要领

古建筑彩画，按龙的姿态分为行龙、坐龙、升龙和降龙四种(图 6-5)。龙的形态口诀：牛头、鹿角、虾珠眼（指点睛）、鹰爪、鱼鳞、蛇尾巴。龙的动态口诀：行如弓、坐如升、降如闪电、升腆胸。还有三弯、九曲的足位法，及两角、六发、十二脊刺的大致规则。

边精一《中国古建筑油漆彩画技术》关于龙的画法概括为：牛头、猪嘴、鹿犄角、虎掌、鹰爪、虾米须、蛇身、鱼鳞、分刺尾，三弯九转一弓腰。

整体画法：龙身有三弯九曲或三弯六曲之说，弯曲、伸张要

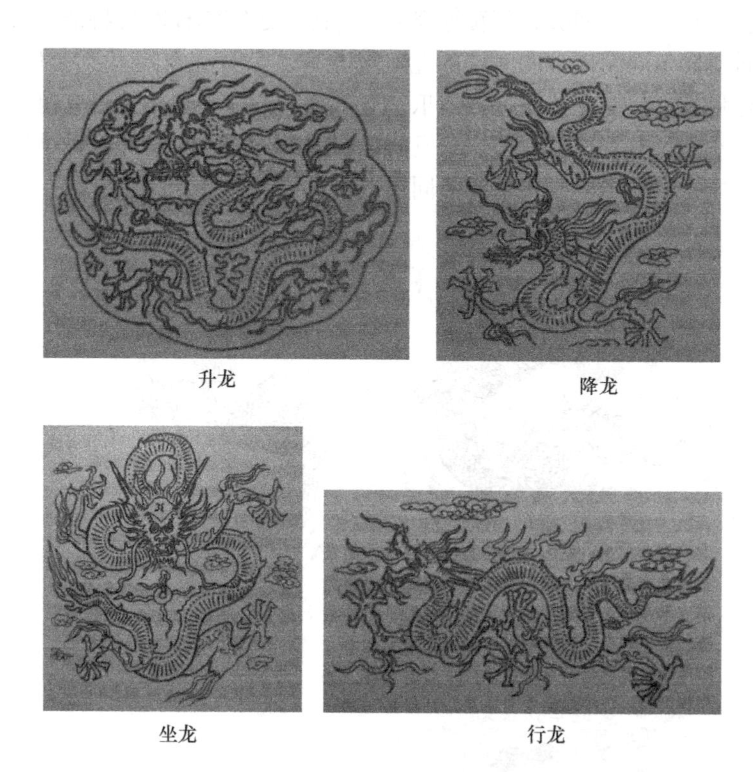

图 6-5　龙的姿态

自如有力。颈部较细，向后逐渐变粗，胸部和腹部最粗，尾部又逐渐变细，向上甩翘。呈现动感有力。整个龙身，弯转流畅无硬弯。龙腿伸蹬有力，龙爪向背张开，锋利凶猛（形如风火轮，时代特征）。

细部画法：昂首、目圆睁（凸努状）、嘴大张（明代有闭嘴龙），龙须刚硬，龙发飘洒，比龙须粗，相对较软。腿根部粗，爪腕细，大腿粗，小腿细。肘毛呈飘洒状。龙爪有反正，掌心画八字纹。

3）龙的时代性及各部位特征（图 6-6～图 6-10）

起龙谱子，要掌握龙的整体形象、各部位的特征和龙的行、坐、升、降、回头、翻转等姿势、神态，还需掌握时代特征。不同朝代、同朝代不同时期的龙，从龙头、龙身到龙尾都有变化。有张嘴、闭嘴龙，三爪、四爪、五爪龙，形态多种。龙身有粗细壮瘦，肘毛有长短软硬。龙发有后飘前卷，龙尾有聚有散，风格多样。龙鳞不同时代也有不同形态。

图 6-6　宋元明清朝代的龙

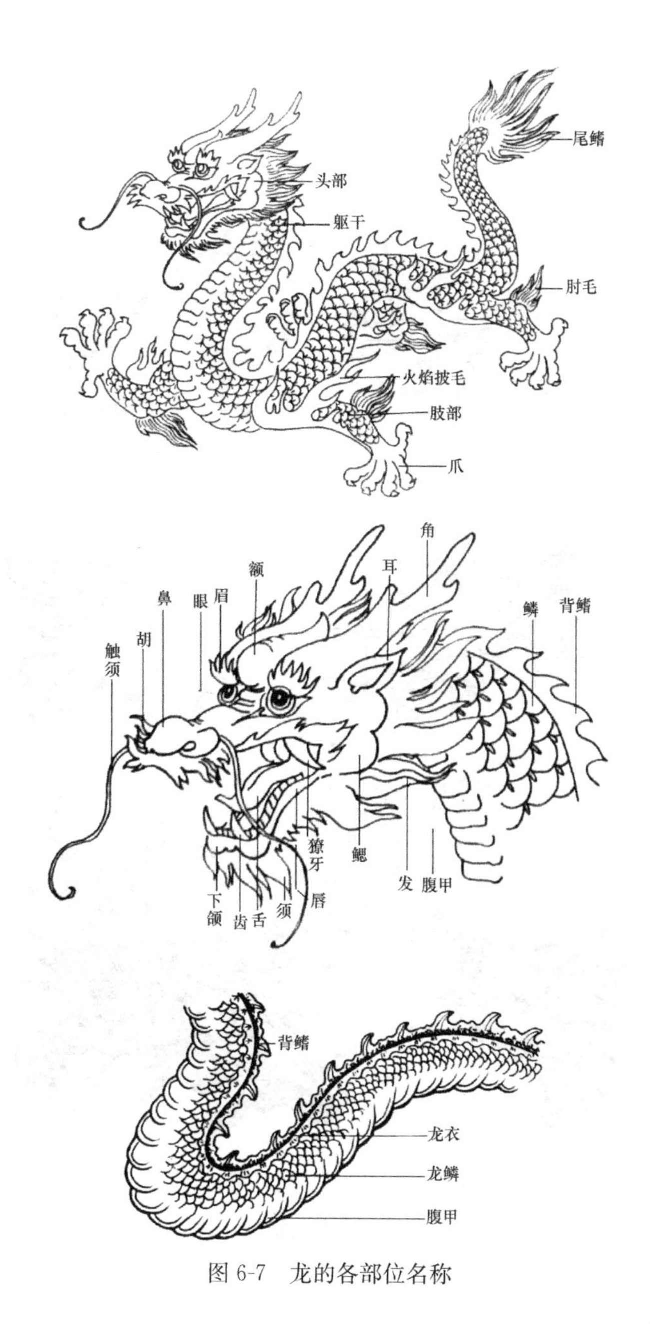

图 6-7　龙的各部位名称

图 6-8　龙头造型

图 6-9　龙尾形式

彩画纹饰经常画夔龙（图 6-11）：

4）起龙谱子的一般步骤

画额眉→添双目→龙鼻→添上嘴盔→头骨及下颌→角须及颈→龙身和龙尾→前肢和后肢→龙爪及肘毛。

① 行龙的画法

行龙之状：头向前尾向后，中部有一弓腰，顺向向前奔跑，

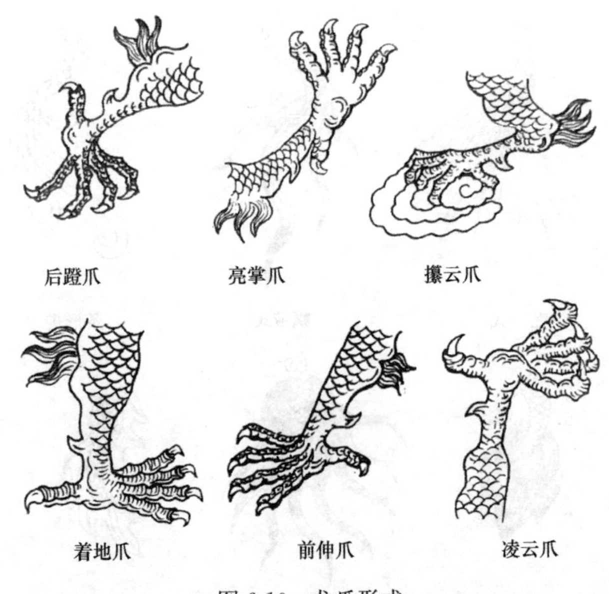

图 6-10　龙爪形式

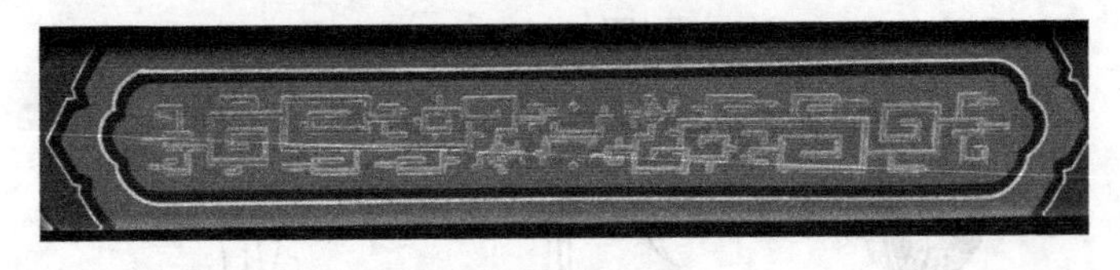
图 6-11　夔龙图例

在方心、坐斗枋画行龙。

画行龙的步骤：

a. 确定画龙的范围：在方心周围留一定空隙，即风路，风路视方心体量大小而定。用虚线画出画龙的范围。

b. 画龙头与身：使其去向合理、匀称、有力。龙身（宽）用一定宽度的双线勾出即可。

c. 添四肢与尾部：使四肢与龙身各部的距离位置基本对称。

d. 细画龙头：包括犄角、须发等长短体量与龙身对照匀称恰当。

e. 画龙脊、脊刺和示意龙的鳞及尾部。

f. 画爪及肘毛：在龙身部位空隙中灵活处理，无固定格式。

② 坐龙的画法

坐龙之状：坐状的龙，坐龙又称团龙，多画在圆形部位内，如盒子里面。

画坐龙：姿态端正，头部及宝珠均居中，四肢位置匀称。身躯走向：头部上翻弯转，向下呈盘状，这部分结构不同于行龙、降龙。由于构图的限制，两腿之间距离较远。

③ 升龙的画法

升龙之状：向上升的龙。在找头、柱头画升龙。

升龙的特点：头部在弯曲的龙体的上端，两条后腿在最下面，尾部卷至中间一侧。由于升龙前后两部为上下迭落构图，这部分在中部腰处拐弯将方向改变，故下部的方向与上部相反。由于升龙放在找头部位，画升龙时立面部分与合楞部分需要联起来构图。即把升龙画在找头与仰头部位的二分之一范围。

④ 降龙的画法

降龙之状：下降的龙，龙头在下部，尾部在上部，龙身转弯同升龙。在找头、柱头画降龙。画法与升龙同。

⑤ 行龙、升龙、坐龙用于构件头部时的方向规定

a. 在方心内画行龙，中部为一个宝珠，两侧的行龙朝向宝珠，呈二龙戏珠。

b. 找头部位的龙如有一条，头部应朝向方心并加一个宝珠。如找头较宽可安排两条龙，为一升一降，宝珠放在找头中部，双龙朝向宝珠，也呈二龙戏珠。

c. 盒子的龙头不分方向，但尾部在一侧，其尾部朝向方心一侧。

2. 扎谱子

将牛皮纸上画好的大线与纹饰用扎谱子针扎孔。扎谱子的工艺如下：

（1）将大线按所需宽度用红墨水重新拉画，然后按红墨水两

侧扎孔，直线、弧线孔位均准确整齐，孔距间隔约为 3mm。

（2）将纹饰图案按线扎孔，孔距间隔约为 1mm。

（3）扎谱子应使针垂直于谱子纸，不可斜扎，保证针孔通透，易于漏粉。

3. 拍谱子

将谱子的中线对准部件上的分中线，用粉包“土布子”对谱子均匀地拍打，将粉包内的滑石粉透过谱子的针孔漏出，从而将纹饰复制在部件上。

大线拍后可套拍方心的纹饰谱子、坐斗枋的纹饰谱子，灶火门以及檩头、柱头、椽头等部位的谱子。

（二）沥　　粉

1. 沥粉准备、操作方法与质量要求

（1）沥粉是古建筑彩画与壁画中的一种特殊工艺。沥粉分单尖大粉、二路粉、小粉、双尖大粉及制作小样的特殊小粉。

（2）沥粉材料

1）材料分骨料和粘合剂两种。

2）骨料有土粉子、大白粉、滑石粉。

3）粘合剂有三种，分别是油满、水胶、乳胶。

4）辅料有小桶、小盆、短木棍、小线绳、小锣。

（3）沥粉工具

1）粉尖子：粉尖子是用薄铁皮制成的专用工具，形似锥体、椎头留小孔，为完成不同要求的沥粉工艺，一套完整的粉尖子由老筒子、单尖、双尖三部分组成。单尖又分单尖大粉、单尖二路粉及单尖小粉，还有制作小样时用注射器针头特制的小单尖。

2）粉袋子：前人用猪膀胱，今用塑料袋做。

（4）沥粉的材料配比及调制

1）材料配比：调制大粉时，土粉子应占沥粉骨料的 60%左右。因二路粉及小粉、粉尖子较细，故在调制二路粉及小粉时，根据沥粉的粗细适当依次递减土粉子在骨料中的比例，以使粉条能顺利沥出。

2）沥粉的调制：根据大小粉的不同要求，用备好的小桶装上按相应比例调好的土粉子、大白粉、滑石粉，搅拌均匀，加入适量粘合剂，用小短木棍向小桶内的胶粉混合物进行反复锤砸，边砸边加粘合剂，砸至与要求相符的稀稠沥粉为止。

（5）进行沥粉

根据相应要求选择备好的粉尖子，用小线绳绑上粉袋子，装上调好的沥粉，按要求对图案纹饰进行沥粉，沥粉时要注意三度：角度、速度、力度。

1）角度：指粉尖子与画面的倾斜角度，一般小于90°。

2）速度：指粉尖子描绘图案纹饰的运行速度。

3）力度：指手握粉袋子的挤压力度和粉尖子接触画面的附着力度。力度可根据粉尖子的运行速度进行调整，速度快则挤压力度大，而接触画面的力度就小。

沥出的粉条要与图案纹饰紧密契合，呈现一种半浮雕状的感觉。需要长时间的练习方可熟练掌握此工艺，行话称“手里硬”。

（6）沥粉的质量要求

1）要求沥粉线条要忠于原图且谱子不能走样，线条均匀流畅饱满呈半圆粉。

2）忌沥粉出现坠流、街头、火柴头、短条、刀子粉、扁平粉。

3）粉条不易过高，高则易折，且不易贴金，不结实易脱落。

4）沥直线时要借助木制尺棍，沥天花圆鼓子及其他正圆图案时要借助铁丝制成的圆规进行沥粉。要求一个接头，待沥粉八成干时用刀子修整沥粉接头，使其无明显接头。

5）沥粉干透后用乏砂纸打磨使沥粉平顺光滑，为下道工序做好准备。

（7）注意事项

1）冬季气温低下，水胶调制沥粉时，易聚胶（低温下凝固），应注意温度的控制。

2）油满调制沥粉时，注意油满和骨料的比例，油满比例过大时易抽条，油满比例过小时不结实易脱落。

3）沥粉装入粉袋绑扎好后，应反复揉挤粉袋，使粉袋中的空气从粉尖口排出，避免沥粉时出现断条现象。

4）为避免颗粒杂质进入粉袋造成粉尖堵塞，调好的沥粉要过箩处理。

5）沥粉工艺完成后如出现接头明显、火柴头、断条等现象，要在粉条八成干时用刀子进行修整、补沥处理。沥粉干透后用乏砂纸进行打磨使沥粉平顺光滑，为刷色做好准备。

2. 三种彩画沥粉举例

沥粉的程序是：先沥大粉，后沥二路粉和小粉。

沥粉的方法相同，应掌握三种规格粉条的应用部位。

（1）和玺彩画沥粉

1）沥大粉：主体框架大线，如箍头线、盒子线、圭线光线、皮条线、岔口线、方心线均使用粗尖沥双粉，即大粉。双尖大粉宽约10mm，视构件大小而定。双大线每条线宽约4～5mm。

2）沥中路粉：中路粉又称单线大粉，如挑檐枋、老角梁、霸王拳、穿插枋头、压斗枋的下边线，雀替的卷草以及斗、升和底部的边线与金老线均沥单线大粉，即二路粉。单线每条线宽约4～5mm。

3）沥小粉：和玺彩画的小粉量很大。小粉的口经约2～3mm，视纹饰图案而定。沥小粉的部位包括椽头（万字、龙眼等），方心、找头、盒子、柱头、坐斗枋、灶火门、由额垫板的龙纹、轱辘阴阳草等，圭线光的菊花、灵芝纹，压斗枋的工王云、流云，檩头、宝瓶等部位纹饰。

（2）旋子彩画沥粉

1）沥大粉：施金的主体框架大线，如箍头线、盒子线、皮条线、岔口线、方心线均使用粗尖沥双粉（大粉）。双尖大粉宽约10mm，视构件大小而定，双线每条线宽约4～5mm。

2）沥中路粉：施金的挑檐枋、老角梁、霸王拳、穿插枋头、压斗枋的下边线，雀替的卷草以及斗、升和底部的边线与金老线。

3）沥小粉：小粉的口径约2～3mm，视纹饰图案而定。沥小粉的部位包括椽头（万字、龙眼等），方心的龙纹、宋锦，由额垫板的金轱辘阴阳草，找头、柱头部位旋子的旋花及线、菱角地、旋眼、栀花，盒子的龙纹、西番莲，坐斗枋降魔云的栀花，灶火门的三宝珠、火焰，宝瓶的西番莲草等。

（3）苏式彩画沥粉

1）沥大粉：施金的箍头线等，使用粗尖沥双粉，即大粉。双尖大粉宽约10mm，以构件大小而定。双线每条单线宽约4～5mm。

2）沥中路粉：施金的包袱线，聚锦壳线，垫板池子线，柁头边框线，挑檐枋、角梁、穿插枋头、雀替的卷草以及斗与升和底部的边线与金老线。

3）沥小路粉：苏式彩画的小粉量不大。沥小粉线宽约3mm，以纹饰图案而定。沥小粉的部位包括椽头与卡子等。

（三）贴　　金

画工做完磨生过水布、呛粉、拍谱子、沥粉、包黄胶后，油工进行打金胶、贴金。

1. 贴金的一般程序和方法

（1）打金胶：金胶油勾兑少许色油，便于操作，以防漏打。在油皮上打一遍金胶，在画活地上要打两遍金胶。用毛笔或油画笔蘸金胶涂抹在黄胶上或油皮上，涂抹均匀。先上架后下架，先里后外，先打复杂的线条后打简单的线条。

（2）贴金：

1）试金胶：用手指外侧轻轻接触金胶油，油不沾手就证明基本干了，即可贴金。金胶不离手说明金胶尚嫩，还不干，暂不能贴金。

2）叠金：无论贴库金、赤金还是铜箔，均需将三、五张金连同隔金纸对折，码放整齐，置于盒内或篮内用重物压住，防止风吹散和弄乱。对折时应错开 5mm 便于操作。

3）撕金：一手拿折叠好的金，一手拿金夹子，根据贴金部位线条的宽窄，用金夹子将金撕成条，随贴随撕。

4）贴金：金撕成条后，用金夹子把折叠的条再打开，拇指食指捏住中下部，用金夹子将金调理直顺，夹起一条金连同隔金纸贴于金胶上，拿金手的中指向线条方向轻捋，金就粘在金胶上了，隔金纸即可自然脱落。

5）帚金：用棉花团沿线条用揉的动作轻轻顺一下，使飞金、散金粘于未粘到之处，使金贴得更牢固。再用羊毛刷或金帚子清理金的周边，使金色线条更加突出、明亮。

6）罩金：毛笔或油画笔蘸光油或金箔封护剂（树脂漆），在金线条上或贴金部位刷一遍，不宜过厚，涂抹均匀。库金不用罩，赤金、铜箔、银箔必须罩金。易受雨淋的部位及人易触摸的地方应罩金。罩金后整个贴金过程全部结束。

2. 贴两色金（图 6-12）

图 6-12　贴两色金图例

两色金，即红金箔、黄金箔。红金箔，相当于库金箔。黄金箔，相当于赤金箔。贴两色金是彩画贴金的一种做法，多用于清代中早期高等级的和玺彩画、旋子彩画、苏式彩画等。不同色彩对比的运用，使彩画呈现立体厚重和色彩丰富的效果。

（1）搭配运用。两色金的搭配运用要根据彩画种类及纹饰构成情况确定。一般彩画的主体框架大线和构件的边框轮廓线多贴库金，细部纹饰分为两部分，一部分可与大线一样贴库金，一部分贴赤金。常见的做法：大、小额枋的方心纹饰分别贴库金和赤金。

（2）效果要求。应掌握好色彩主次的运用分布，其他要求同通常贴金。如金箔粘贴饱满，无遗漏，无錾口，色泽一致，线路整齐洁净。

（3）注意事项。贴赤金的部位应通罩光油。

（四）刷　大　色

刷色，包括刷大色、二色、三色，抹小色，剔填色，掏刷色。应先刷各种大色，后刷各种小色。刷青绿主大色，应先刷绿色，后刷青色。

1. 和玺彩画刷色

（1）刷色条件

待沥粉干后，先将沥粉轻轻打磨，使沥粉光顺，无飞刺。

（2）刷色依据

均按色码涂刷。颜色代码规则：一（米黄），二（蛋青），三（香色），四（硝红），五（粉紫），六（绿），七（青），八（黄），九（紫），十（黑），工（红），丹（章丹），白（白色），金（金色）。

（3）刷大色的规则

1）额枋与檩枋：以明间为准，箍头为上青下绿，即檩枋箍头为青色、大额枋的箍头为绿色，次间箍头色彩对调。刷色规则为：绿箍头，绿楞线。青箍头，青楞线。

2）坐斗枋：坐斗枋刷色为青色。

3）压斗枋：压斗枋刷色为青色。

4）柱头：柱头箍头为上青下绿。

5）挑檐梁、老角梁、霸王拳、穿插枋头：均刷绿色。

6）斗栱：斗栱刷色包括各层檩枋的青、绿色以及灶火门大边的绿色和斗、挑尖梁头、昂、翘等部位的青、绿色。斗栱刷色以柱头科为准（包括角科），其挑尖梁头、昂、翘均刷绿色，升斗均刷青色，并以此类推，间隔排列至每间中部，每间斗栱如为双数，则每间中部为同一颜色。

2. 旋子彩画刷色

高等级旋子彩画刷色要点：

（1）刷色条件、刷色依据、青绿主色先后顺序同和玺彩画。

（2）具体部位刷大色的规则

1）额枋与檩枋：以明间为准，箍头为上青下绿，即檩枋箍头为青色，大额枋的箍头为绿色，次间箍头色彩对调。找头部位的旋子刷色规则为：绿箍头，绿楞绿栀花，青箍头，青楞青栀花。

2）坐斗枋：坐斗枋降魔云刷色规则为上青下绿，即上升云刷青色，下降云刷绿色，而青云刷绿栀花，绿云刷青栀花。

3）压斗枋：均刷青色。

4）柱头：柱头箍头为上青下绿，旋子一路瓣为绿色，二路瓣为青色并间隔刷色。旋子瓣外栀花地均刷青色。

5）由额垫板：由额垫板先垫粉色油漆，待干后刷银朱漆。银朱漆干透后套刷阴阳草的三青、三绿、硝红、黄色等。

6）挑檐梁、老角梁、霸王拳、穿插枋头：均刷色绿。

7）斗栱：斗栱刷色包括各层檩枋的青、绿色以及灶火门大边的绿色和斗、挑尖梁头、昂、翘等部位的青、绿色。斗栱刷色以柱头科为准（包括角科），其挑尖梁头、昂、翘均刷绿色，升斗均刷青色，并以此类推，间隔排列至每间中部，每间斗栱如为双数，则每间中部为同一颜色。

低等级旋子彩画刷色要点：

（1）刷色条件、刷色依据、青绿主色先后顺序同和玺彩画。

（2）方心刷色（图 6-13、图 6-14）。

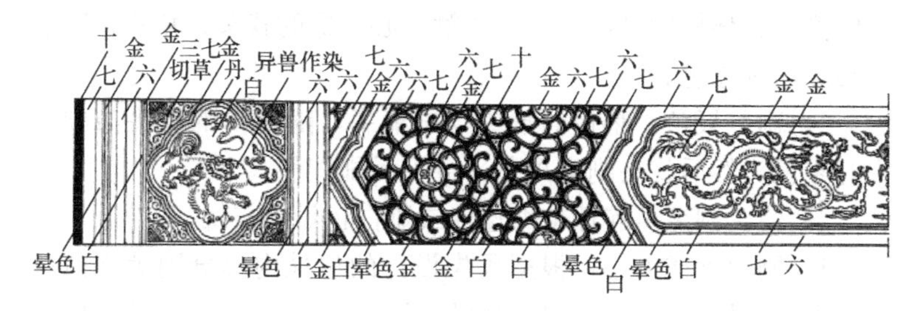

图 6-13　金线大点金金龙方心旋子彩画刷色号色图例（蒋广全）

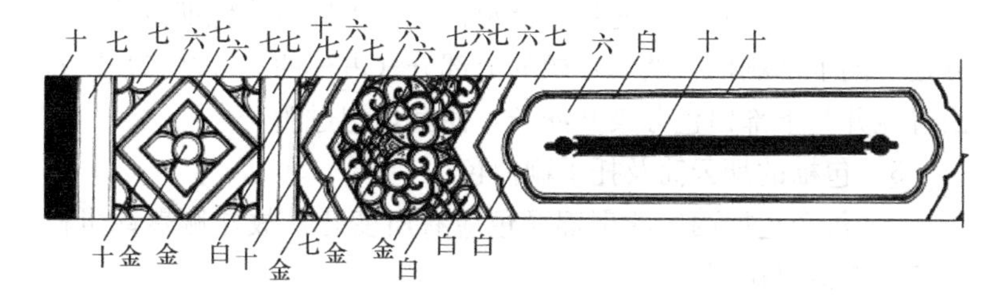

图 6-14　墨线大点金一字方心旋子彩画刷色号色图例（蒋广全）

1）方心刷章丹与二绿色画夔龙与黑叶子花。

2）方心刷青绿做一字方心，俗称“一统天下”。

3）方心刷青绿素方心。

（3）随檩枋均刷青色。

（4）垫板画小池子半个瓢，垫板一般安排画三个池子。绿箍头，配两个章丹池子，画夔龙，一个二青池子做切活。青箍头，配一个章丹池子，画夔龙，两个二青池子做切活。其中，中间池子的颜色要与檐檩方心的颜色有所区别。

3. 金线苏式彩画刷色

（1）刷色条件、刷色依据、青绿主色先后顺序同和玺、旋子彩画。

（2）刷大色的规则

1）额枋与檩枋的刷色：以明间为准，箍头为上青下绿，即檩枋箍头为青色，额枋的箍头为绿色，次间箍头色彩对调。檐檩的副箍头、垫板的副箍头、下枋箍头心、檩的找头、角梁、穿插枋头等均刷绿色。

2）刷垫板色：垫板的箍头与副箍头，随檩枋的箍头与副箍头的颜色。然后找头刷章丹色，待干后刷红色。

3）箍头刷黑色连珠带做连珠或刷白色做方格锦。

4）刷包袱或方心：根据预先设计的包袱内容分别满刷白色和接天地。接天地系指包袱内画风景或花鸟，将天空部分染成浅蓝或浅黄或浅绿均可。

接天地的步骤为：先将包袱垫白，待干后再将包袱占檩的三分之一的下部刷白，然后在檩的上部分（占檩的三分之二）刷石山青色并与下部白色分染并润开，使其均匀过渡。

5）包袱的烟云筒及托子刷白色。

6）每个包袱两侧的聚锦颜色应有所变化，故左侧聚锦可刷白色，右侧可刷旧绢色。

7）挑檐梁、老角梁、穿插枋头均刷绿色。

8）斗栱的分色同和玺、旋子彩画。

9）柱头箍头连珠带上部刷章丹色。

10）柁头帮（侧面与底面）刷石山青色或香色。

11）包袱、聚锦、柁头刷白色（刷二道）。最后刷小体量的聚锦叶或寿带。聚锦叶刷三绿色，寿带则刷硝红色。

12）老檐椽头刷青色。飞檐椽头刷绿色油漆。

（五）拉 大 黑

拉大黑一般常用于中低等级的旋子彩画中，如烟琢墨石碾玉旋子彩画、金线大点金旋子彩画、墨线大点金旋子彩画、墨线小点金旋子彩画、雅伍墨旋子彩画中都有拉大黑工艺。当彩画工艺刷完大色，包过黄胶后，即可进行拉大黑工艺。以墨线大点金为例：拉大黑前先要根据构件大小，选用相应的拉大黑工具，如捻子或“筷子笔”即油画笔，和直尺棍。然后蘸上事先调好的黑烟子色，用直尺在各青、绿色相接处拉画出大黑线，如箍头线、皮条线、岔口线、方心线等。大黑线的粗细取决于构件的大小，以600mm高的构件为例，大黑线粗约为18mm，若构件高约250mm，大黑线粗约10mm为宜。同一建筑上相同部位的大黑线粗度应拉画得尽量一致，个别特殊大小的构件可特殊对待，如檐檩处的大黑线可略细，拉大黑要注意墨线顺直挺拔，粗细一致，转折顺畅自然。

（六）拘　　黑

拘黑一般紧随拉大黑工艺之后，当前面的拉大黑工艺，拉画出一部分时，后面就可以有人拘黑了。新手因手上功夫不达，拘黑前可套拍一下谱子，师傅可以就着青、绿色阶直接拘黑，拘黑时也要根据构件大小选用大小合适的画笔，蘸上事先调好的烟子色，在找头部位勾画出各层旋花，各路花瓣的轮廓线，先从头路瓣起手下笔，之后再画二路瓣、三路瓣，最后勾画出旋子之间的栀花，拘黑时要求拘黑线路粗细均匀，流畅挺拔，每路旋花的花瓣要尽量圆润饱满。

（七）拉晕色、拉大粉

包过黄胶后即可拉晕色，拉晕色也要根据构件的大小选用大小合适的画笔和尺棍，在图案纹饰主要大线的一侧或两侧，在青绿或其他原底色上蘸上相应的青绿浅色（三青、三绿）或其他浅色（晕色）画晕色。一般构件的晕色宽度在30mm左右为宜，晕色就是彩画设色由深至浅的过渡色。晕色可以丰富彩画的层次，使彩画纹饰更明快细腻，使彩画整体色彩感觉柔和统一。其中，箍头内两条晕色，皮条线两侧一青、一绿，岔口线一条晕色，方心线一条晕色，拉晕色要做到直顺，无偏斜，宽度一致，随形晕色要转折流畅，自然美观。

凡有晕色之处，靠金线必须拉大粉，操作方法与拉景色相同。

（八）攒 退 活

攒退活，是绘画的一种技法，是将颜色层层移退式的操作方法。主要指同色相的分出层次晕色。攒退活常用于金琢墨、烟琢墨彩画和玉作中，即金琢墨攒退、烟琢墨攒退和玉作做法。

（1）金琢墨攒退

纹饰图案的外轮廓线沥粉贴金。

操作程序：沥粉，抹小色，包黄胶，打金胶贴金，行白粉，攒色完成。

如盒子岔角云攒退：沥粉，用三青、三绿、黄、硝红色添岔角云底色。用细白粉沿沥粉金线行粉，然后用青、砂绿、章丹、银珠认色攒色。

（2）烟琢墨攒退

纹饰图案的外轮廓线圈描黑色线。

操作程序：抹小色，圈描黑色外轮廓线，行白粉，攒色完成。

（3）玉作

纹饰图案的外轮廓线圈描白色线。

操作程序：抹小色，圈描白色外轮廓线，攒色完成。

攒退活的主要颜色是各种小色，等级高的彩画一般用多种小色，有三青、三绿、粉紫或粉红、黄色、浅香色等。等级低的一般用两种小色，即三青三绿。有的只用一种小色。

攒色要求：色度适度、足实，宽度适当、整齐一致。

（九）切 活

切活，清代早中期称为（描机）。切活亦称为“反切”，即在青色、绿色或丹色的地子上用墨色进行勾线平填（将纹饰的空当涂墨），使未涂墨的地子变成纹饰图案，涂墨的地子变成纹饰的地子。

切活，一般不起谱子（复杂的图案可以做简单的摊稿），直接勾线涂色（先勾轮廓线随即平涂墨色），手艺熟练，对图案熟悉才能完成，切错不易修改。

（1）基本方法

先涂刷基底色，在基底色上，按腹稿勾线涂色，一切而就。常做的图案，应已成竹在胸。不常做的应熟练掌握后再切。

（2）质量要求

纹饰配置要符合规矩做法。如盒子岔角做切活：青箍头配二绿色，岔角切水牙图纹。绿箍头配二青色，岔角切草形图纹。

底色深浅适度，主线和子线宽窄适度。勾填墨色均匀。切出的线条如绘画绘出的效果，自然流畅，花纹图案美观。

（十）阴 阳 倒 切

（1）阴阳倒切万字箍头、回纹箍头做法

纹饰的轮廓线用白粉线勾勒，纹饰的着色统一用同色相但色度不同的颜色表现，经切黑、拉白粉完成。

（2）纹饰画法程序

涂刷基底色，用晕色写（画）万字或回纹，切黑，拉白粉。

（3）质量要求

写纹饰的晕色深浅适度，花纹宽度一致，纹饰正确、端正、对称，棱角齐整。万字、回纹的切黑法正确，方向正确，线条宽窄适度、直顺，切角斜度一致、对称。拉白粉线的方向正确，宽度一致，线条平直，棱角齐整，颜色足实。

（十一）退 烟 云

退烟云，即绘制烟云。退，既表达了每一层烟云的色阶由浅至深的表现技法，也说明了烟云的绘制方法（图 6-15）。

图 6-15 退烟云图例（张峰亮）

方法：先垫刷白色，当退第二道色阶时，要先留出白色阶，再按从浅至深的顺序绘制烟云色带。每退下一道色时，必须留出适宜宽度，并叠压前道色阶多填出的部分，循序渐进地绘制，直至最后一道最深色阶。

退硬烟云筒的色阶必须分成横面和竖面“错色退或倒色退”，即两个面之间必须错开一个色阶，直至退完两个面的全部色阶。

硬烟云托子退法有两种，一种是与上述退法相同。另一种是不分横面竖面，其色阶均自白色起，由浅至深退成。只是色阶的横竖线道都必须随顺外轮廓线的方向。

烟云筒与烟云托子的设色随演变发展形成了规矩：一般黑烟云筒配（深浅）红托子；蓝烟云筒配（浅黄、杏黄）黄托子；绿烟云筒配（深浅）粉紫托子；紫烟云筒配（深浅）绿托子；红烟云筒配（深浅）绿托子或（深浅）蓝托子。

七、彩画保护、修复、复原技术

（一）老彩画拓描与小样制作

拓描老彩画前会发现大多老彩画因年久失修模样难辨，面对这种情况需用羊毛刷、笔、皮老虎、荞麦面、吸尘器等材料工具对老彩画进行除尘清洁。

除尘清洁完成后，将拷贝纸裁成与老彩画尺寸相同大小的纸张（可略大些），由两人协作将拷贝纸蒙在老彩画上，扶好并固定纸张。为确保拓描老彩画纹饰的清晰度，要求蒙在老彩画上的拷贝纸不能来回错位，由第三人用碳笔或黑粉包利用拷贝纸的薄透性，将老彩画透漏在拷贝纸的纹饰认真仔细地拓描下来，并在拷贝纸拓描的纹样上按老彩画的色彩排列进行号色记录。此工序坚决要求保留老彩画的原貌特征，切记不可随意更改老彩画的原有信息，否则将会失去老彩画的韵味。至此老彩画的拓描就完成了。

随后进行小样制作，制作小样前要先将拓描好的老彩画纹样整理成谱子。整理谱子即用韧性好的牛皮纸将拓描好的老彩画纹样用拓描或是重新起绘在牛皮纸上，并扎谱子备用。然后进行矾纸绷平，矾纸一般用纸纤维较长、韧性较好且柔软的高利纸。先根据谱子尺寸选用相应大小的高利纸，将高利纸上边两三公分边沿用糨糊或适当稀释的聚醋酸乙烯乳液涂刷粘在平板或平整的墙面上。再用羊毛排笔蘸上调好的胶矾水（熬制好的胶矾水）对粘了上边的高利纸进行通篇涂刷，上下左右涂刷到位。将刷过胶矾水的高利纸自然凉至八成干时，再用糨糊或适当稀释过的聚醋酸乙烯乳液将高丽纸余下的三边，依次按二至三公分边沿涂刷并粘在墙上或平板上，刷糨糊或适当稀释的聚醋酸乙烯乳液时，不可蹭在刷过胶矾水的高丽纸的正面或反面。若蹭在背面会在小样制作完成后出现高丽纸张与背板粘连的情况，易损坏小样。为避这种情况发生，在矾纸绷平时，高丽纸四边粘好后还要用纸卷小于铅笔粗细的纸管子，由高丽纸边捅孔进去向绷粘好的高丽纸内吹气，防止高丽纸与背板粘连。若蹭在胶矾纸的正面，则在小样绘制时会出现色彩不一致的情况。所以在矾纸绷平时尽量不要将糨糊或乳液蹭在高丽纸的正反面，而是只涂刷边沿二三公分处。

待矾纸工艺就绪干透后，用依据老彩画纹样起好的谱子，在矾好绷平的高丽纸上用浅蓝色粉包（俗称土布子）进行拍谱子，按照拓描的老彩画纹样及色彩记录进行沥粉、刷色、包胶贴金等工艺，绘制完成。

（二）彩画除尘

当勘察信息采集完成后，开始对老彩画回贴部位进行除尘。首先用质地柔软的羊毛刷对老彩画表面清扫尘土，由上至下、先外后内，将木构架上架（上楞部位）的积尘陆续向下清扫。全面细致清扫后再用皮老虎进行吹尘。吹尘完毕后用吸尘器吸尘，最后用荞麦面团对彩画表面进行清洁粘滚。

（三）彩画过色见新

对老彩画进行保护修复时可能会遇到老彩画大面积颜料色层已经剥落殆尽，但其沥粉线条还保留得清晰可见，比较结实，大部分图案纹饰比较完整，而且局部分析可以清楚看见彩画的排色顺序。这种情况下为了尽量保留原有彩画信息，可在原彩画基础上进行清理除尘。由油工师傅根据老化程度用套胶、钻生做基层固化处理。待固化处理干透后依据原有纹样色彩重新进行套色及纹样描绘，要求忠实于彩画原貌。

（四）彩画原样修复补绘

进行彩画保护修复时，经常会遇到某些老彩画由于年久失修，出现各种残缺损坏。如有的老彩画局部颜色层脱落殆尽，遇到这种情况时就需要对原彩画的损坏部位进行随旧缺失补绘（图7-1）。补绘前同样也要对老彩画遗留信息进行细致入微的现场勘察、拍照及现场记录。包括彩画类别、等级档次、纹饰图案色彩排序等信息。然后对缺失补绘部位清理除尘，由油工师傅根据老化程度用套胶、钻生做基层固化处理。待地仗固化处理干燥后把残缺的沥粉补齐，用传统矿物质颜料进行调制，对原彩画的缺失部分依据原彩画遗留信息进行随旧补绘。必要时采用传统工艺用陈年老土对补绘部位进行做旧处理。

图 7-1　彩画补绘修复（张峰亮摄）

（五）彩 画 回 贴

1. 工艺流程

彩画回贴工艺流程分为以下几个步骤。

（1）勘察：进行老彩画保护修复时，首先要对老彩画遗留信息进行勘察分析，采集保留影像资料，对老彩画进行拍照和现场实物记录，包括彩画类别、等级档次、图案纹饰、色彩排序等。

（2）除尘：当勘察信息采集完成后，开始对老彩画回贴部位进行除尘。首先用质地柔软的羊毛刷对老彩画表面清扫尘土，由上至下、先外后内，将木构架上架（上楞部位）的积尘陆续向下清扫。全面细致清扫后再用皮老虎进行吹尘。吹尘完毕后用吸尘器吸尘，随后用荞麦面团对彩画表面进行清洁粘滚。彩画表面尘土基本清理干净后再用皮老虎对空鼓翘皮的彩画内部尘土吹气并清除干净。

（3）软化：选用喷雾器或雾状喷壶装上 60～70℃的热水对空鼓翘皮的老彩画进行雾状喷洒使其软化，也可用热敷使其软化。

图 7-2　彩画回贴修复（软化）

（4）注胶：当回贴彩画部位软化后，用注射器装上稀释适度的聚醋酸乙稀乳液，对空鼓翘皮彩画内部注射胶液，注入的胶液量要适当。

（5）复位：将软化后的彩画根据面积大小确定一人或几人用柔软质地的托板轻轻将其放回原有位置。

（6）适当加压：当彩画回贴复位后，根据面积大小用裘皮钉和小薄板对复位彩画进行钉压。若大面积回贴则需用卡子、夹子、捆绑等形式加固，待回贴干透、结实牢固后取下，以保证彩画回贴结实与原彩画吻合一致。至此彩画回贴完成。

2. 技术要点

（1）前期勘察分析要细致入微，对老彩画的信息采集要全面到位。

（2）对老彩画回贴部位除尘要彻底全面，对空鼓翘皮老彩画进行除尘时要避免操作动作过急，力度过大，对空鼓翘皮老彩画造成保护性破坏。

（3）对老彩画进行软化处理时水温要掌握在 60～70℃，水位过高会直接损坏老彩画画面，水温过低不易达到软化效果。

（4）注胶时胶液浓度要适中，胶液过浓注射时不易挤出，胶液过稀则会导致回贴不结实。注胶时胶液既要到位又不能过量，过量则会在回贴时造成画面污损，过少则会出现回贴不到位现象。

（5）复位时由于回贴部位经过软化非常脆弱，所有还原复位操作一定要用质地柔软的托板小心复位。

（6）适当加压时根据回贴部位彩画的面积大小用裘皮钉和小薄板进行 3～5cm 点压或用卡子、夹子、捆绑等形式加固。

3. 质量要求

（1）回贴彩画应回贴结实、牢固无空鼓等。

（2）回贴彩画与原彩画应吻合一致，避免出现回贴彩画与原彩画叠压造成纹饰图案错位等现象。

（3）回贴彩画画面与周围原彩画应协调一致无污染。

八、彩画质量问题与防治

（一）质量问题的种类、表现及解决措施

1. 质量问题的种类

大致可归纳为三类：

（1）法式、规矩问题；

（2）材料种类、质量问题；

（3）操作、绘制问题。

2. 表现

（1）法式、规矩问题的主要表现：构图不规范，设色间隔调换不对，大木彩画与局部彩画等级不匹配，龙凤纹随便使用等。

（2）材料种类、质量问题的主要表现：金胶油、用胶不合格，材料不符合原做法或不符合设计要求，色彩不对等。

（3）操作、绘制问题的主要表现：绘制粗糙，线条遗漏，颜色刷错等各种不符合验评标准的情况。

3. 解决措施

（1）多参加技术培训及古建筑文化的学习；

（2）多深入实践，多练实操本领，这也是职业技能标准对彩画工的要求。

（二）质量通病、原因和预防措施

举例两种：

1. 绽口

（1）表现

贴金时金箔条之间未叠压（有离缝），形成不规则的离缝，露出底色，俗称绽口。

（2）原因

1）金胶油粘度小，配制时光油多，或掺色油漆多，帚金时，由于金胶油不拢瓢子（金胶油不返粘，吸金差）产生绽口、花的问题。

2）采用成品油漆代替金胶油，易造成绽口、花、木现象。

3）金胶油样板试验与实际贴金环境、条件不同，易造成绽口、花、木现象。

4）贴金环境不洁净，或打金胶、贴金的操作方法、时间不当，易造成绽口、花现象。

（3）预防措施

1）贴金工程应使用熬制试验合格的金胶油，不宜使用成品油漆代替金胶油。为了防止打金胶漏刷，依据色差标识打金胶油时，允许掺入微量（0.5%～1%）成品酚醛色油漆。

2）配兑金胶油时，用稠度或粘度适宜的光油与豆油坯或糊粉配兑，应根据季节按隔夜金胶油试验配兑，9月～次年4月使用曝打曝贴金胶油，样板试验要与贴金地点、部位、气候环境相同。

3）打金胶时，现场环境应无尘、架木洁净，打多少贴多少，不宜多打，否则贴金时易产生绽口和花的现象。

4）有风的环境不宜打金胶、贴金，如进行施工应做围挡（风帐子）。

5）打金胶、贴金操作要点口诀：先打里后打外，先打上后打下，先贴外后贴里，先贴下后贴上，崩直金紧跟手，不易出现绽口。

6）贴金中，金胶油快到预定时间时，应进行帚金，发现有明显绽口时，应立即停止贴金。

2. 地仗生油顶生咬色

（1）表现

彩画颜色涂刷于地仗面后不久，颜色面呈现大小不同的油迹斑点。

（2）原因

1）在地仗生油未充分干透时，即开始彩画刷色，彩画颜色受到地仗未干的生油的浸蚀（生油从颜色下面浸透出来），使彩画颜色表面出现油迹斑点，这种现象称为顶生咬色。

2）地仗生油只是表面假干，施工人员判断错误，将彩画刷色施工提前。

（3）预防措施

1）彩画刷色前，应对油作地仗生油是否干透进行检查，做出准确判断。有经验的师傅，可凭经验以指甲在地仗生油面上划试。手感利落干脆，所划线道发白色，一般为生油已干；手感涩滞，所划线道发黄白色，一般为生油未干。没有经验掌握不好的，也可在地仗面上做小面积的刷色试验，进行观察。

2）应合理安排施工工期，为地仗钻生油工序留有较宽松的干燥时间。为加快进度，油作可配合画作，钻生油选用含蜡质低的优质生油以缩短干燥时间。

九、绿色安全文明施工

（一）相关法律法规知识

1. 绿色施工

（1）绿色施工法律法规：

《中华人民共和国环境影响评价法》；

《中华人民共和国环境保护法》；

《中华人民共和国大气污染防治法》；

《中华人民共和国固体废物污染环境防治法》；

《中华人民共和国水污染防治法》。

（2）建设部印发的《绿色施工导则》中关于绿色施工的内容和要求

1）绿色施工是指工程建设中，在保证质量、安全等基本要求的前提下，通过科学管理和技术进步，最大限度地节约资源与减少对环境负面影响的施工活动，实现四节一环保（节能、节地、节水、节材和环境保护）。

2）实施绿色施工，应对施工策划、材料采购、现场施工、工程验收等各阶段进行控制，加强对整个施工过程的管理和监督。

3）绿色施工方案应包括的内容

① 环境保护措施，制定环境管理计划及应急救援预案，采取有效措施，降低环境负荷，保护地下设施和文物等资源。

② 节材措施，在保证工程安全与质量的前提下，制定节材措施。如进行施工方案的节材优化，建筑垃圾减量化，尽量利用可循环材料等。

③ 节水措施，根据工程所在地的水资源状况，制定节水措施。

④ 节能措施，进行施工节能策划，确定目标，制定节能措施。

⑤ 节地与施工用地保护措施，制定临时用地指标、施工总平面布置规划及临时用地节地措施等。

4）人员安全与健康管理

① 制定施工防尘、防毒、防辐射等职业危害的措施，保障施工人员的长期职业健康。

② 合理布置施工场地，保护生活及办公区不受施工活动的有害影响。施工现场建立卫生急救、保健防疫制度，在安全事故和疾病疫情出现时提供及时救助。

③ 提供卫生、健康的工作与生活环境，加强对施工人员的住宿、膳食、饮用水等生活与环境卫生等管理，明显改善施工人员的生活条件。

5）土壤保护

对于有毒有害废弃物如电池、墨盒、油漆、涂料等，应回收后交有资质的单位处理，不能作为建筑垃圾外运，避免污染土壤和地下水。

6）建筑垃圾控制

施工现场生活区设置封闭式垃圾容器，施工场地生活垃圾实行袋装化，及时清运。对建筑垃圾进行分类，并收集到现场封闭式垃圾站，集中运出。

7）施工用电及照明

临时用电优先选用节能电线和节能灯具，临电线路合理设计、布置，临电设备宜采用自动控制装置。采用声控、光控等节能照明灯具。

2. 安全施工

（1）安全管理法律法规

1）《中华人民共和国安全生产法》；

2）《中华人民共和国消防法》；

3）《安全生产事故隐患排查治理暂行规定》；

4）《中华人民共和国职业病防治法》；

5）《中华人民共和国劳动法》；

6）《施工现场临时用电安全技术规范》；

7）《建筑施工安全检查标准》；

8）《脚手架搭设规范》。

（2）施工脚手架

1）脚手架搭设前，应编制项目专项施工方案并报上级审批，项目总工程师应组织方案交底，并做好交底记录，现场作业人员应严格按方案执行。

2）脚手架验收由总监理工程师、项目经理组织，方案编制人、技术负责人、安全员、搭设班组参加验收。

（3）消防安全

1）严禁工地使用明火，严禁工地现场吸烟，严禁在工地做饭。

2）油漆、颜料等易燃品必须单独存放在安全处。

3）工地用电必须使用专用电缆配电箱，插线板及手提灯具必须使用橡胶护套线，使用有护罩的工作灯，严禁使用太阳灯。

3. 文明施工

（1）文明施工法律法规

《中华人民共和国放射性污染防治法》；

《中华人民共和国环境噪声污染防治法》。

（2）文明施工管理要求

1）工地施工人员必须文明施工，要遵守社会公德，遵守公司各项管理规定和规范，坚决远离违法犯罪活动。

2）施工人员衣着整齐，不着奇装异服，不着外公司制服，公司下发有制服的须着公司制服上岗。

3）工地现场禁止大、小便，应到工地的卫生间或流动厕所。

4）施工现场要保持干净、整洁、做到每日清扫。清扫垃圾装袋集中放置，应及时清运出施工现场。

5）工地现场，不准打闹、赌博、酗酒。

6）施工应控制粉尘、噪声、污染物、振动等，避免对居民和城市环境的污染。

（二）彩画施工安全危险源和安全措施

1. 安全危险源

（1）高处作业；

（2）风雨季施工；

（3）低温天气施工；

（4）狭窄空间作业；

（5）特殊条件施工；

（6）其他不利条件施工。

2. 安全措施

（1）高处作业

古建筑彩画大多都在上架部位，需要搭设作业操作平台，高处作业平台上作业，即需要搭设脚手架。过去由搭材作完成，现在是架子工完成。

高处作业的最大危害是高处坠落，发生的事故简称“高坠”。高处坠落，造成死亡，称坠亡。这种事故在新建领域发生率较高，占安全事故的百分之七八十。造成事故的原因有多种，但归根结底是安全防护不到位。

保证施工安全应杜绝安全隐患，杜绝高坠事故安全隐患的措施就是保证安全防护到位、有效，即：脚手架方案合理，搭设合格。脚手架方案是否合理应经过审批。搭设是否合格要进行验收。这些应形成制度，严格落实。

（2）风雨季施工

风雨天气，作业面应设有保证良好施工环境的围护和安全防护。如无满足施工条件的防护，应停止作业。

（3）低温天气施工

低温天气，进行冬期施工，应搭设保温作业大棚，搭设安全施工脚手架，施工人员应佩戴好安全防护用品，符合安全施工条件。

（4）狭窄空间作业

古建筑施工存在狭窄的部位，应注意磕碰以免受到伤害。

（5）特殊条件施工

特殊情况也有遇到，即檐头临近有高压线通过。施工时应首先搭设安全防护遮体，保证施工不受高压线伤害。

（三）绿色施工

绿色施工是指工程建设中，在保证质量、安全等基本要求的前提下，通过科学管理和技术进步，最大限度地节约资源与减少对环境负面影响的施工活动，实现四节一环保（节能、节地、节水、节材和环境保护）。

1. 绿色施工方案制定

应从以下两点考虑：

（1）因工程而异，因地制宜；

（2）关注工程施工过程，还要着眼可持续发展。

2. “四节一环保”

（1）节能

按照世界能源委员会 1979 年提出的定义：采取技术上可行、经济上合理、环境和社会可接受的一切措施，来提高能源资源的利用效率，虽然彩画施工对能源的需求量并不大，但也应有效地利用能源，提高用能设备或工艺的能量利用效率，在绿色施工的理念之下，这是应该做好的一个方面，也是提高管理水平的体现，施工成本控制应从点滴做起。

1）节能施工方案制定

有两种情况，一是彩画施工为工程的一个分部，节能方案在整个工程中一起考虑。二是工程为油漆彩画专项施工，节能方案需要做专项方案。

2）节能施工措施研究

应考虑的主要内容，一是用电系统；二是节约原材料消耗；三是保证施工质量一次合格，避免返修或返工带来的资源消耗；四是提高工人的操作熟练程度，提高劳动生产率；五是合理安排用工、合理组织，减少窝工、人力消耗；六是加强计划性和精细化管理，提高能源利用效率；七是尽量避免冬期施工带来的能耗；八是从设计时就应该考虑的问题，仿古建筑彩画的修缮周期与材料的选择使用；九是污水处理、垃圾处理、污染控制、废物与土壤污染治理、监测设备等。

① 用电系统：施工用电，电缆电线敷设路径、方式，电箱配置等，应根据现场实际尽可能优化方案合理布置；照明使用节能灯。配置颜料合理选择电动拌合设备。生活用电，照明、风扇、空调、冰箱冰柜（食堂）等绿色配置和使用。

② 节约原材料消耗：计划用料，避免浪费。配置颜料尽量与实际用量相符，剩余原材料回库。

③ 保证施工质量一次合格，避免返修或返工带来的资源消耗：彩画施工中，难免有拍谱子拍错、画错，画的粗糙等返工的。最后一道工序为“打点”，此任务量的多少与施工过程的质量把关密切相关。

④ 提高工人的操作熟练程度，提高劳动生产率：彩画工标准的制定，等级晋升的考核制度等，有利于提高操作熟练程度。

⑤ 合理安排用工、合理组织，减少窝工、人力消耗：目前彩画施工组织的科学性、计划程度还有很大提升空间，浪费人工较常见。且不善于进行方案策划，较少制定施工方案进行精细化管理，习惯粗枝大叶。

⑥ 加强计划性和精细化管理，提高能源利用效率：有无计划，计划的可行性，以及精细化的程度都关系到能源利用的效率。

⑦ 尽量避免冬期施工带来的能耗：保证冬期施工效果的前提就是要营造一个常温时期施工的条件，要采取保证施工环境的温度、湿度及可操作的空间、作业条件，也就不免要消耗能源。如果这些得不到保证，将造成开春返工。

⑧ 仿古建筑彩画的修缮周期与材料的选择使用：对于仿古建筑彩画用的材料可以灵活使用，从投入、耐候延年、延长维修周期等方面考虑，体现设计在“性价比”方面的科学性。

⑨ 污水处理、垃圾处理、污染控制、废物与土壤污染治理、监测设备：处理和治理都需要能源消耗、监测设备的投入等，这也是工程管理科学化的需要。

（2）节地

是工程建设的一个规划原则，要节约用地，特别是节约农田。

彩画施工应合理占用施工场地。施工场地周围如有办公场所，或是绿地，或是庄稼地等，堆放材料、搭建施工用棚（房）、办公用房、生活用房等时，要合理用地，少占地，使施工带来的影响越小越好。

（3）节水

工程建设用水量因工程规模大小不同而各有差异。

应考虑：施工用水、环境保护用水、生活用水（如设立生活区）及消防用水的设计。环境保护用水，如道路喷洒降尘、绿化用水等，合理利用，避免浪费。

（4）节材

建设工程节材，不论从设计还是施工，都具有大量的工作可做。

对于彩画单项施工内容来说，节材虽然显得比重不大，但也应提高提料、配料的水平，避免浪费。提高操作技术水平，避免画错、粗糙返工重来。加强管理，避免配置好的材料倾洒。制度化管理，实行领用料、剩料退料制度。做好雨期、大风天施工材料的管理，避免保存不当造成损失。

(5) 环境保护

建设项目的环境保护要求：合理利用自然资源，防止环境污染和破坏，以求自然环境与人文环境、经济环境共同平衡可持续发展。

对于古建筑施工，环境保护应考虑两个方面，一是对自然环境的保护，二是对历史风貌环境的保护。

1) 对自然环境的保护，主要是防与治，重点在防止污染，应采取有效措施：

① 防止对地面（土壤）的污染：施工中要避免将画颜料倾洒到土壤裸露的地面，渗入地下造成土体污染。料房地面应采取防污染措施。

② 防止对大气的污染：施工中对运输道路洒水降尘，防止扬尘。在工地裸露土地处采取栽花、种草或其他覆盖措施。修缮工程彩画除尘要有合理施工方案避免尘土飞扬。

③ 防止对水体水域的污染：施工中不可将剩余画颜料倒入或撒入施工环境中的河流、湖泊等水体。

④ 防止对周围生活的污染（影响）：声、光、气味污染，即施工的噪声、强光、刺激气味会给周围人群造成的不良影响。进行施工噪音控制，避免扰民。合理安排施工时间，实施封闭式施工，采用低噪声、低振动的设备等。仿古建筑等新建筑建设施工，彩画（含油漆）施工，使用化学颜料、稀料等更应加强防止空气污染措施，特别是对有挥发性、有毒有害的化学材料，应限制其使用场所。

⑤ 防止对古建筑物、历史建筑（特别是文物建筑）的污染：施工前对建筑相邻部位（墙体、地面等）进行保护（防护），防止污染。室内神、佛像等做保护覆盖或移出。

2) 对历史风貌环境的保护，重在不破坏、不损坏、不改变、不污染历史地貌和遗迹、遗址、遗存（建筑、构筑物、古树）等，处于施工范围内的，应采取保护措施：

① 修缮工程，彩画（含油漆）施工：做施工围挡，搭设施

工设施，对周围环境（遗迹、遗址、遗存）不能造成任何影响。

② 遗址保护、遗址展示工程：施工方案应进行严格审批，掌握重点，划定施工活动区域，施工总平面布置及施工方法等，确保对历史风貌环境不造成允差性影响。

十、施工组织设计与施工方案

（一）基本内容

1. 单位施工组织设计

（1）工程概况（包括工程特点分析）；

（2）工程部署；

（3）施工方案的选择；

（4）施工进度计划；

（5）主要资源需用量和采购供应计划；

（6）施工现场总平面布置图；

（7）施工准备工作计划；

（8）主要分项工程施工方法；

（9）主要技术组织措施（包括质量、安全、绿色施工、降低成本等）。

2. 施工（专项）方案

（1）工程概况、特点（部位或专项概况）；

（2）施工方法及技术措施；

（3）施工进度计划；

（4）材料、劳动力及机具的使用计划；

（5）安全、质量、防扬尘要求。

（二）编制质量要求

（1）能够指导施工，起到管理工程的实际作用，即工程重点、难点分析准确，施工方案和技术措施明确、合理、有效。

(2) 总工期满足施工合同的要求，工期控制有里程碑或重要节点进度控制计划。

(3) 安全、质量、绿色施工、成本控制等管理措施明确、合理、有力。

(三) 施工组织设计步骤

施工组织设计的步骤一般为：读图，勘察现场，采集工程要求，分析工程特点，策划与设计施工方案、管理措施，编制成文。

1. 读图

首先应认真读施工图，主要应掌握以下内容：

(1) 建筑构成。也就是要掌握本次修缮有哪些单体建筑，平面分布和竖向标高情况及相互关系，建筑物或构筑物的体量、工程量和施工难度情况。这些方面将直接影响施工方案、现场平面布置方案的选择或制定。

(2) 施工内容。施工内容涉及施工方案、主要项目施工方法、进度计划等内容的编制。

(3) 工程特点。通过读图，发现、总结工程特点和施工难点、重点。这些是编制施工组织设计的主要内容，也是进行施工组织设计必须解决的问题。

2. 勘察现场

在进行施工组织设计之前，应对施工现场进行勘察这对施工方案的制定和施工现场总平面布置十分重要。主要应确定以下内容：

(1) 施工场地范围及施工条件；

(2) 施工通道的位置、走向及与场外道路的衔接；

(3) 施工用电的引进点和敷设路径；

(4) 施工用水的引进点和敷设路径；

(5) 文物、古树保护范围和内容；

（6）拟建拟修的建筑物、构筑物，相互之间的关系以及周围环境状况；

（7）新建工程地理、水文等其他情况。

3. 采集工程要求

（1）总工期。业主对工程要求的工期，总日历天数。总工期，是制定总的施工方案、安排施工进度计划的依据。

（2）质量目标。招标文件中都要明确工程质量目标为合格或某种优质工程。合格为国家对工程施工质量的要求，即符合相应施工验收规范的标准要求。优质工程是业主提出的高于合格标准的目标，投标单位应响应业主的期望、要求。

（3）开工时间点的要求。业主因实际需要，有的要求在冬季或雨季里开工，施工单位在制定总体施工方案、技术或管理措施时应充分考虑这些客观因素。

（4）交付要求。有时，业主因实际需要，要求某个建筑或某个范围首先施工，尽快交付使用。施工单位应在制定总体施工方案和安排施工进度计划时考虑这些要求。

（5）其他限定条件要求。比如：不影响营业或某个区域、某个时间段不停止营业。以及对材料选用厂家的要求等。

4. 分析工程特点

工程特点主要指建筑本身和建筑所处环境等方面的特殊性或突出特性。包括工程特征、难点、重点、主要技术、质量要求、安全风险、有关职业健康的因素和施工组织中需要重点解决的问题。

（1）就建筑本身而言，如：建筑形式、体量、高度、组合建筑的规模、维修内容的难度、涉及的主要技术、要达到的质量标准要求。

（2）就建筑环境而言，如：地势、毗邻、交通以及施工用地、供水、供电等施工条件。分析安全风险、影响职业健康因素是一项必不可少的工作，这是保证安全施工，落实“安全第一、预防为主、综合治理”的安全方针的重要环节和方法。

5. 策划与设计施工方案、管理措施

这项工作是施工组织设计的重点。

（1）如为一组建筑，应明确总体施工方案，简单地说就是对平面上施工的先后次序（或是流水施工）的规划。

（2）应明确每个单体建筑的施工方案，也就是竖向的施工顺序的计划。

（3）有针对性地制定文物保护、质量、安全、消防、职业健康、进度、成本控制、成品保护等管理措施。

6. 编制成文

按施工组织设计的编制格式编制成文，对文字、图片进行排版，形成报批稿。

（四）注 意 事 项

好的施工组织设计全篇施工进度主线明确，攻关克难重点突出，施工组织脉络清晰，有联系的章节环环相扣、前后呼应，否则，为不合格的施工组织设计或专项施工方案。

（1）应找准施工难点、重点（在施工概况中明确），后面的技术措施要与之对应。

比如：建筑规模大、建筑物高、建筑在高山上或直接描述所存在的施工难度、恶劣的施工环境、条件等。后面的技术措施章节应与前面的难点、重点相呼应，即问题要解决。解决的方案、措施要可行、有效。

（2）施工部署应就总体施工方案（包括措施）、总工期与进度要求、质量目标（特别是有创优目标的要明确到具体奖项名称）、主要材料采购供应要求等，进行部署安排，如为政治性任务要有相应内容的部署要求。

（3）应明确施工方案（选择适合本工程的施工方案）。

施工方案包括：各建筑物之间或一个建筑各层间的施工顺序、流水段划分、垂直运输方案等。有多个建筑物的工程，应明确先后施工顺序或平行施工。组织流水作业的应划分施工段。

(4) 施工进度计划要与施工方案一致。施工时间不能超出合同工期的日历天数（可以提前完工，但要有合理依据、保证措施)。

(5) 施工总平面布置图中的各项内容应与施工方案呼应，符合施工方案的要求。

(6) 主要物资需用量和采购供应计划应与施工进度计划呼应，保证进度物资需要。

(7) 施工准备工作计划应结合上述各项主要内容编制计划，包括技术准备、施工准备、场内场外。

(8) 主要分项工程施工方法应重点介绍本工程不为施工人员熟悉的分项工程工艺做法、技术要领、质量要求、注意事项和安全措施等。

(9) 安全、质量、环保等各项技术措施应与本工程施工难点、重点和重点工序相对应，即要有针对性。

十一、工具制作与现代化设备应用

（一）工具制作

当今大多彩画工具都可买到，应有创新意识和自己动手的本领，解决施工中的实际需要。

1. 沥粉工具

（1）沥粉器（粉尖子与老筒子）

材料：镀锌铁皮，厚度 0.1～0.2mm。

制作方法：

粉尖子下料。取一圆形镀锌铁皮，半径 R90～100cm。均分 8 等份，取一份，扇形尖端剪去 3～5mm，然后卷成锥形筒，筒顶直径 D20cm。对接缝进行焊接。在锥筒的顶部加焊铁箍一道。

老筒子下料。老筒子是锥筒上半部的形状，锥角与粉尖子下料相同，老筒子高约 40cm，安装后与粉尖子重复 20cm。下料后卷成筒，接缝焊接，筒上部加焊两道铁箍。

老筒子与粉尖子插装在一起使用。

（2）粉袋子

材料：坚韧塑料膜。

制作方法：

取一块 300～400mm 的方形塑料膜。绑扎于老筒子端部，待装上粉糊后另一端扎紧绑牢。

2. 着染色画具

着染色画具，包括各种粗细不同的圆形小刷子和各种宽窄不同的扁形捻子，过去用猪鬃，后来普遍使用动物鬃制作。按刷子或捻子的大小确定猪鬃的长短和用量多少，把猪鬃整理墩齐，扎绑在刷子或捻子柄的端部（柄的长度按需要确定，材料或竹或木）。刷子或捻子鬃毛根于柄通体缠血料夏布，晾干后做中、细灰，磨细钻生，刷黑漆两遍。干后，修剪、打磨鬃毛，使其端口、棱角符合大小刷子和粗细捻子的技术要求。

（二）电脑辅助起谱子

电脑绘制彩画已经成为现实，应用电脑起谱子也已可实现，对于复杂的图案可以采用电脑和手工相结合的方法。

1. 优越性

（1）效率高

电脑画图速度快，一是绘制方便，速度快。二是可以建立模块，提高效率。

（2）质量高

电脑画图准确度高，图案更加规矩。不论绘制直线还是曲线都比手工更快，平直度和弧度也比手工准确。扎谱子时再按线准确操作，就能取得较好的效果。

2. 不足

完全的笔直、流畅的弧度，使彩画画面缺少了手工绘制的自然感，尤其是细部的花瓣，大小、形状都是统一的标准，会缺乏真实性。但这个问题，在扎谱子时可以解决，沥粉仍需要手工操作，所以，自然感依然存在。

3. 基本方法

一般方法：根据丈量获取的尺寸，用电脑画出构件图样，再在图样上按照彩画的构图形式和法式，如分三停，进行主要框线布置，再进一步做箍头、找头以及方心等细部纹饰的设计。构图和纹饰设计完成，进行填颜色、施金色，即小样完成。小样通过审核后，可以打印各部位的“谱子”（在绘制时可留置各部位的谱子版）。

图 11-1、图 11-2 为电脑绘图的实例。

图 11-1　电脑绘图实例

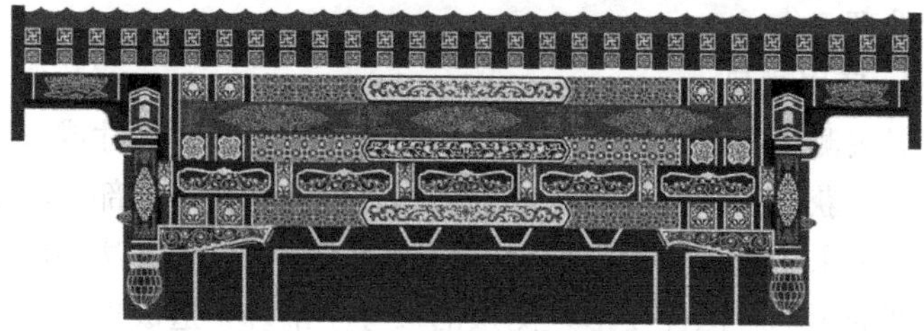

图 11-2　设计师王妍使用电脑绘制

（三）彩画修复激光扫描仪的应用

随着时代的发展，修缮技术也在不断进步。“拓描”是复制老彩画制作小样的传统方法，现在，三维激光扫描仪已在文物建筑测绘领域得到应用，取得了精准的效果，为文物保护和非遗保护工作提供了现代化先进手段。

1. 三维激光扫描仪的作用

通过对建筑彩画进行扫描，绘制彩画施工图，并达到起谱子的作用（输出彩画谱子）。

2. 三维激光扫描技术

（1）工作原理

其工作原理是通过发射激光光束到旋转式镜头的中心，并被旋转式镜头反射，光束一旦接触到物体，立刻被反射回扫描仪，通过激光的位移数据被测量，从而反映出激光与物体之间的距离。最后用编码器来测量镜头旋转角度与激光扫描仪的水平旋转角度，以获得每一点的 X、Y、Z 的坐标值。

（2）应用

三维激光扫描技术又称“实景复制技术”，通过现场扫描直接将各种形制的、复杂的、不规则的异形构件三维数据完整地采集到电脑中，进而快速重构出目标的三维模型及线、面、体、空间等各种制图数据。同时，采集的三维激光点云数据还可进行各种后处理工作。

3. 使用优势

过去测绘方法是以直尺、角尺等直接量取构件尺寸或采取拓描的方法获得彩画的纹饰，对异形构件或空间狭小的部位不易操作。后来采用近景拍摄，然后再绘制施工图，这种方法会因为拍摄角度的影响，图面变形，测量的尺寸不准确，造成失真。三维激光扫描则适用于各种复杂情况，精准且效率高。利用三维激光扫描系统能够在几分钟内获取彩画详尽、高精度的三维立体影像数据。对斗栱等异形构件更显示出现代设备的优势。

4. 操作方法

（1）采用手动或固定站式三维激光扫描仪，按照使用说明书使用即可。

（2）根据建筑或扫描面的具体情况编制扫描专项方案，包括脚手架的搭设，人员配合等。

十二、彩画预算定额

（一）主要子目

古建筑预算定额中，彩画与油饰编制在同一部分，包括山花板、博缝板、挂檐（落）板油饰彩画，椽望油饰彩画，上架构件油饰彩画，下架构件油饰彩画，木楼梯、木楼板油饰，斗栱、垫栱板油饰彩画，门窗扇油饰，楣子、鹅颈靠背油饰彩画，花罩油饰彩画，栏杆油饰彩画，墙面涂饰彩画，天花油饰彩画，匾额、抱柱对油饰彩画共 13 节 1156 个子目。

（二）基本规定

1. 有关彩画

（1）各子目工作内容均包括准备工具、调兑材料、场内运输及余料、废弃物的清运。

（2）彩绘面除尘包括清除彩绘面上的浮尘及鸟粪等污痕，用黏性面团搓滚干净。

（3）彩画回贴包括将其地仗用清水闷软，注胶粘贴，压平、压实。

（4）彩画修补包括清理浮尘，按原图补沥粉线、补色、补金、补绘。

（5）砂石穿油灰皮包括将地仗上的彩绘面全部磨穿。

（6）彩画绘制包括丈量拓样或绘画谱、扎画谱、拓拍画谱、沥粉、涂绘及饰金，其中油漆地饰金彩画不包括油漆地的涂刷。

(7) 挂檐（落）板、滴珠板正面按有无雕饰分别执行定额，底边面及背面均按无雕饰挂檐板定额执行，其正面绘制彩画按上架构件相应定额执行。

(8) 椽头彩绘包括飞椽及檐椽端面的全部彩绘，单独在飞椽头或檐椽头绘制彩画者，根据做法分别按“椽头片金彩画绘制”、“椽头金边彩画绘制”、“椽头墨（黄）线彩画绘制”定额乘以0.5系数执行。

(9) 苏式掐箍头彩画、掐箍头搭包袱彩画定额（不含油漆地苏式片金彩画）均已包括箍头、包袱外涂饰油漆的工料，箍头、包袱外涂饰油漆不再另行计算。

(10) 油饰彩绘面回贴面积以单件构件核定，单件构件回贴面积不足30%时定额不做调整，单件构件回贴面积超过30%时另执行面积每增10%定额，不足10%时按10%计算。

(11) 斗栱彩绘包括栱眼处扣油，不包括栱、升、斗背面掏里刷色，掏里刷色另行计算；盖斗板基层处理、地仗及油饰按斗栱基层处理、地仗、油饰定额执行。

(12) 垫栱板油漆地饰金彩画绘制不包括油漆地的涂刷，涂刷油漆地另按油饰项目中相应的“刷两道扣末道”项目执行。

(13) 天花井口板彩绘包括摘安井口板，遇有海漫硬天花（仿井口天花）其支条及井口板基层处理、地仗、彩绘定额工料机均不做调整。

(14) 天花支条彩画及木顶格软天花回贴的面积比重均以单间为单位计算。单间回贴面积不足30%时定额不做调整，单间回贴面积超过30%时另执行面积每增10%定额，不足10%时按10%执行。

(15) 上、下架彩画回贴均以单件构件展开面积累计以平方米为单位计算，展开办法同上，回贴面积比重不同时应分别累计计算。

（16）各种斗栱、垫栱板、盖斗板基层处理、做地仗、油饰、彩绘均按展开面积计算。

（17）墙边彩画按其外边线长乘以宽的面积以平方米为单位计算，墙边拉线按其外边线长度以米为单位计算。

（18）井口板彩画清理除尘、基层处理、做地仗及绘制彩画均按井口枋里皮围成的面积以平方米为单位计算，扣除梁枋所占面积，不扣除支条所占面积。

（19）井口板彩画回贴及彩画修补按需回贴或修补的井口板单块面积累计以平方米为单位计算。

（20）支条彩画清理除尘、修补、基层处理、做地仗、绘制彩画均按井口枋里皮围成的面积以平方米为单位计算，扣除梁枋所占面积，不扣除井口板所占面积。

（21）木顶格软天花彩画绘制按井口枋里皮围成的面积以平方米为单位计算，扣除梁枋所占面积。

（22）支条彩画及木顶格软天花回贴均依据其各间回贴（修补）的面积比重不同，分别按各间井口枋和梁枋里皮围成的面积以平方米为单位计算。

（23）毗卢帽斗形匾按毗卢帽横向宽乘以匾高以平方米为单位计算，其他匾按其正投影面积以平方米为单位计算。

2. 相关内容

（1）砍挠见木包括将木构件上的旧油灰皮全部砍挠干净以露出木骨，并在木构件表面斩砍出新斧迹、撕缝、下竹钉、楦缝、修补线角及铁件除锈，有雕饰或线角的木件还需将秧角处剔净并修补。

（2）洗挠见木或洗剔挠均包括将木构件上的旧油灰皮全部焖水挠净以露出木骨，撕缝、下竹钉、楦缝、修补线角及铁件除锈，有雕饰的木件还需将秧角处剔净。

（3）斩砍至麻遍包括将木构件旧有地仗麻遍以上的油灰皮全部砍除，局部空鼓龟裂部位砍至木骨，并在其周边砍出灰口、麻口。

（4）清理除铲包括清除木构件表面的浮灰污渍，铲除龟裂翘边部分的油漆皮；砍斧迹包括将新木构件表面斩砍出斧迹并下竹钉、楦缝。清理除铲砍斧迹包括清理除铲和砍斧迹的全部工作内容。

（5）混凝土构件清理除铲包括剔除跑浆灰、清洗隔离剂。

（6）做地仗包括材料过箩、调制油满及各种灰料、梳麻或裁布、按传统工艺操作规程分层施工。

（三）常用彩画工料估算

1. 估算方法

（1）根据实际彩画设计进行施工预算。

（2）根据画工总结出的某一构件的用工用料数据，通常更准确，便于使用。

（3）参考定额预算书。

（4）参考有关书籍中提供的数据。

2. 常用工料表（表12-1～表12-5）（引自《中国古建筑修缮技术》）

和玺彩画工料表

表 12-1

工程项目	单位 (m²)	人工		材料											
		基本工	其他工	洋绿 (kg)	佛青 (kg)	锭粉 (kg)	石黄 (kg)	烟子 (kg)	水胶 (kg)	大白粉 (kg)	土粉子 (kg)	银朱 (kg)	樟丹 (kg)	光油 (kg)	砂纸 (张)
金龙和玺（1）	10	6.29	0.63	0.781	0.188	0.313	0.188	0.017	0.594	1.375	1.375	0.094	0.25	0.063	2
金龙和玺（2）	10	5.66	0.57	0.781	0.188	0.313	0.188	0.017	0.594	1.375	1.375	0.094	0.25	0.063	2
金龙和玺（3）	10	8.18	0.818	0.781	0.188	0.313	0.188	0.017	0.594	1.375	1.375	0.047	0.25	0.063	2
金琢墨和玺	10	12.58	1.26	0.781	0.188	1.00	0.188	0.017	0.594	1.375	1.375	0.094	0.50	0.063	2
龙草和玺（1）	10	5.30	0.53	0.906	0.125	0.438	0.156	0.002	0.50	1.25	1.06	0.094	0.50	0.063	2
龙草和玺（2）	10	6.62	0.66	0.906	0.125	0.438	0.156	0.002	0.50	1.25	1.06	0.094	0.50	0.063	2
和玺苏画	10	5.88	0.59	0.567	0.156	0.85	0.156	0.013	0.50	1.00	1.00	0.017	0.41	0.063	2

注：1. 金龙和玺（1）：箍头压斗枋，坐斗枋为片金沥粉。

金龙和玺（2）：死箍头，压斗枋、挑尖梁、霸王拳不作片金。

金龙和玺（3）：贯套箍头五彩云。

2. 龙草和玺（1）：死箍头，坐斗枋片金工王云或流云，压斗枋、挑尖梁、霸王拳、为金边拉晕色大粉，垫板金轱辘颜色草（金打拌）。

龙草和玺（2）：压斗枋片金工王云，坐斗枋片金行龙或轱辘草攒退。

旋子彩画工料表　　表 12-2

工程项目	单位 (m^2)	人工		材料											
		基本工	其他工	洋绿 (kg)	佛青 (kg)	锭粉 (kg)	石黄 (kg)	樟丹 (kg)	银朱 (kg)	烟子 (kg)	水胶 (kg)	光油 (kg)	土粉子 (kg)	大白粉 (kg)	砂纸 (张)
金线大点金	10	5.35	0.54	0.813	0.203	0.50	0.156	0.056	0.0032	0.031	0.41	0.047	1.13	1.13	2
大点金加苏画	10	6.15	0.62	0.719	0.203	0.844	0.109	0.025	0.0032	0.063	0.49	0.031	0.75	0.63	2
墨线大点金	10	4.22	0.42	0.719	0.203	0.344	0.109	0.025	0.0032	0.063	0.49	0.031	1.25	0.63	2
金琢墨石碾玉	10	7.40	0.74	0.938	0.244	0.625	0.219	0.031	0.0013	0.002	0.50	0.063	1.13	1.00	2
石碾玉	10	5.69	0.57	1.00	0.281	0.875	0.188	0.031	0.0063	0.05	0.44	0.063	0.25	1.13	2
雅伍墨	10	3.58	0.36	0.843	0.219	0.375	—	0.188	0.0032	0.063	0.25	—	0.25	0.25	2
一字枋心	10	3.12	0.31	0.89	0.219	0.375	—	0.188	0.0032	0.063	0.25	—	—	0.25	2
墨线小点金	10	3.69	0.37	0.72	0.203	0.344	0.07	0.056	0.0032	0.063	0.25	0.019	0.38	0.38	2
画切活雅伍墨	10	4.12	0.41	0.843	0.219	0.375	—	0.188	0.0032	0.063	0.25	—	0.25	0.25	2
雄黄玉	10	3.58	0.36	0.188	0.053	0.438	0.188	1.44	—	0.047	0.31	—	0.25	0.25	2

注：1. 金线大点金：死箍头龙锦枋心，坐斗枋降幕云，压斗枋金边拉晕色，垫板池子红地博古，绿地作染花或切活，盒子龙西蕃莲。

2. 大点金加苏画：活箍头，盒子枋心画山水人物翎毛花卉线法等。

3. 金琢墨石碾玉：线路沥粉贴金，压斗枋片金西蕃莲，金琢墨攒退草，坐斗枋金卡子金八宝，金琢墨攒退带子，活箍头，垫板金琢墨攒退，金轱辘雌雄草。

4. 墨线大点金：线路勾黑，不拉晕色，其他与金线大点金同。

5. 雅伍墨：枋心池子为双夹粉草龙及作染花，坐斗枋降幕云，压斗枋黑边白粉。

6. 雄黄玉：池子内无画活，如画者增人工 8%。

苏画工料表 **表 12-3**

工程项目	单位 (m²)	人工		材料												
		基本工	其他工	洋绿 (kg)	锭粉 (kg)	佛青 (kg)	石黄 (kg)	樟丹 (kg)	银朱 (kg)	烟子 (kg)	水胶 (kg)	光油 (kg)	土粉子 (kg)	大白粉 (kg)	广红 (kg)	砂纸 (张)
金琢墨苏画	10	33.73	3.37	0.625	0.938	0.141	0.125	0.41	0.019	0.09	0.474	0.047	1.00	0.82	0.031	2
金线苏画	10	20.38	2.04	0.50	0.875	0.125	0.141	0.41	0.013	0.016	0.50	0.047	0.88	0.82	0.031	2
黄线苏画	10	15.50	1.55	0.50	0.91	0.125	0.141	0.50	0.01	0.019	0.25	—	0.25	0.25	0.031	2
海漫苏画	10	6.43	0.64	0.625	0.63	0.156	0.188	0.50	0.01	0.019	0.25	—	0.125	0.125	0.125	2

注：1. 金琢墨苏画：烟云筒子软硬互相对换，烟云最少七道，垫板作锦上添花，枋头线法山水、博古，箍头西蕃莲、回纹、万字金琢墨作法·连珠金琢墨，丁字锦或三道回纹，软硬金琢墨卡子。

2. 金线苏画：垫板小池子死岔口，画金鱼桃柳燕。藻头四季花、喇叭花、竹叶梅、全作染。枋头博古山水。箍头片金花纹，片金卡子。老檐金边，包袱画线法山水人物花鸟，烟云七道。

3. 海漫苏画：死箍头没金活，颜色卡子跟头粉，垫板三蓝花，枋头作染花，枋帮三蓝竹叶梅，海漫流云，黑叶子花。

4. 黄线苏画：包袱内画山水人物翎毛花卉线法金鱼桃柳燕，垫板没池子者，可画作染葡萄、喇叭花。有池子者可画金鱼桃柳燕，死岔口，烟云五道，颜色卡子双夹粉，枋头博古，老檐百花福寿，飞檐倒切万字。

天花彩画工料表

表 12-4

工程项目	单位（m^2）	人工		材料													
		基本工	其他工	洋绿（kg）	佛青（kg）	锭粉（kg）	石黄（kg）	樟丹（kg）	银朱（kg）	烟子（kg）	水胶（kg）	光油（kg）	土粉子（kg）	大白粉（kg）	砂纸（张）	白矾（kg）	高丽纸（张）
片金天花	10	15.20	1.52	1.06	0.125	0.375	0.25	0.125	0.0032	0.0032	0.50	0.063	1.00	0.75	2	0.125	11
双龙，龙凤天花	10	16.00	1.60	1.06	0.125	0.375	0.25	0.125	0.0032	0.0031	0.50	0.063	1.00	0.75	2	0.125	11
金琢墨岔角云天花（1）	10	20.60	2.06	1.06	0.125	0.625	0.25	0.125	0.0032	0.0031	0.50	0.63	1.00	0.75	2	0.125	11
金琢墨岔角云天花（2）	10	17.90	1.79	1.06	0.125	0.50	0.25	0.125	0.0094	0.0031	0.50	0.063	1.00	0.75	2	0.125	11
金琢墨岔角云天花（3）	10	19.40	1.94	1.06	0.125	0.375	0.25	0.125	0.0032	0.0032	0.50	0.063	1.00	0.75	2	0.125	11
烟琢墨龙凤天花（1）	10	18.20	1.82	1.06	0.125	0.625	0.25	0.125	0.0032	0.0031	0.50	0.063	1.00	0.75	2	0.125	11
烟琢墨四季花，团鹤，西蕃莲（2）	10	17.90	1.79	1.06	0.125	0.50	0.25	0.125	0.0032	0.0031	0.50	0.063	1.00	0.75	2	0.125	11
六字真言天花	10	38.00	3.80	1.06	0.125	—	0.25	0.125	0.0094	0.0031	0.50	0.063	1.00	0.75	2	0.125	11
片金岔角云天花	10	17.90	1.79	1.06	0.125	0.625	0.25	0.125	0.0032	0.0032	0.50	0.063	1.00	0.75	2	0.125	11
燕尾支条（单作）	10	4.80	0.48	0.742	0.125	0.125	0.125	0.025	0.001	—	0.25	0.025	0.50	0.32	2	0.025	3

注：1. 片金天花：硬作法包括号天花板，上下天花板，支条燕尾轱辘金琢墨云，片金龙凤或花纹。方圆箍子沥粉贴金，包括井口线。
2. 金琢墨岔角云天花（1）：为团鹤、和平鸽、四季花、西藩莲等。
3. 金琢墨岔角云天花（2）：为片金团龙，西藩莲。
4. 金琢墨岔角云天花（3）：为金琢墨西藩莲汉瓦等。
5. 烟琢墨龙凤天花（1）：岔角燕尾均为烟琢墨，圆箍子内坐龙攒退，无金活。
6. 烟琢墨、四季花、团鹤、西蕃莲（2）天花：圆箍子内团鹤、和平鸽、四季花、西蕃莲等。
7. 支条长×宽计算。
8. 片金岔角云天花：为团鹤、和平鸽、四季花。

斗栱彩画工料表

表 12-5

工程项目	单位	人工		材料						
		基本工	其他工	洋绿 (kg)	佛青 (kg)	锭粉 (kg)	石黄 (kg)	烟子 (kg)	水胶 (kg)	砂纸 (张)
各种斗栱	$10m^2$	0	0	0.938	0.203	0.375	0.188	0.016	0.375	2
一斗三升	每攒	0.08	0.008							
三踩	每攒	0.16	0.016							
五踩	每攒	0.34	0.034							
七踩	每攒	0.46	0.046							
九踩	每攒	0.62	0.062							
十一踩	每攒	0.93	0.093							

注：1. 斗栱以攒定工，以平方米计算材料。

2. 斗栱彩画以黄线而定，不包括贴金。

3. 角科斗栱为正身科 3.5 倍计算。

4. 斗科沥粉拉晕色以五踩为准，如七踩系数为 1.4，九踩为 2.0，十一踩为 3.0，三踩为 0.5。

参 考 文 献

[1] 李诫．营造法式译解[M]．王海燕，译．武汉：华中科技大学出版社，2011.

[2] 刘敦桢．中国古代建筑史(第二版)[M]．北京：中国建筑工业出版社，1984.

[3] 文化部文物保护科研所．《中国古建筑修缮技术》(第一版)[M]．北京：中国建筑工业出版社，1983.

[4] 蒋广全．中国清代官式建筑彩画技术(第一版)[M]．北京：中国建筑工业出版社，2005.

[5] 边精一．中国古建筑油漆彩画(第一版)[M]．北京：中国建材工业出版社，2007.

[6] 莫雪瑾．苏州忠王府建筑彩画艺术研究[D]．苏州大学，2008.

[7] 张昕．山西风土建筑彩画研究[D]．同济大学，2007.

[8] 徐华铛. 中国的龙[M]．北京：轻工业出版社，1988.

参考文献

[1] [illegible]. 营造法式彩画研究[M]. 南京: 东南大学出版社, 2011.

[2] 刘敦桢. 中国古代建筑史(第二版)[M]. 北京: 中国建筑工业出版社, 1984.

[3] 文化部文物保护科研所. 中国古建筑修缮技术(第一版)[M]. 北京: 中国建筑工业出版社, 1983.

[4] 蒋广全. 中国清代官式建筑彩画技术(第一版)[M]. 北京: 中国建筑工业出版社, 2005.

[5] 边精一. 中国古建筑油漆彩画(第二版)[M]. 北京: 中国建材工业出版社, 2013.

[6] [illegible]. 清中期山西寺庙建筑彩画艺术研究[D]. 苏州大学, 2018.

[7] 张昕. 山西风土建筑彩画研究[D]. 同济大学, 2007.

[8] 楼庆西. 中国古建筑[M]. 北京: 商务印书馆, 1988.